Ni-Mn Based Magnetic Transformation Alloys and
Its Force-Magnet-Electric Coupling Effect

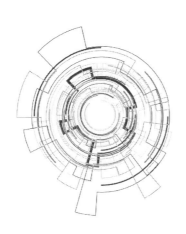

镍锰基磁相变合金及其力-磁-电耦合效应

陈峰华⊙著

图书在版编目（CIP）数据

镍锰基磁相变合金及其力—磁—电耦合效应 / 陈峰华著. —北京：知识产权出版社，2019.12
ISBN 978-7-5130-6706-5

Ⅰ．①镍… Ⅱ．①陈… Ⅲ．①形状记忆合金—研究 Ⅳ．①TG139

中国版本图书馆 CIP 数据核字（2019）第 297899 号

内容提要

本书主要以镍锰基铁磁形状记忆合金为例，研究重点为 Ni-Mn-Ga 薄膜、薄带马氏体转变温度调节，变磁性相变，磁热和磁电阻效应及薄膜反常霍尔效应等，特别是针对 Ni-Mn-Ga 薄带磁畴及温度之间的原位观察方面进行深度探讨。对于 Ni-Mn-Sn 合金体系合金、薄带、薄膜等方面的研究工作，主要从磁热效应、原子替代、交换偏置和复相磁电耦合效应等多方面探索该类合金的相关物理性质研究。

责任编辑：彭喜英　　　　　　　　　　　　责任印制：孙婷婷

镍锰基磁相变合金及其力-磁-电耦合效应
NIE-MENGJI CIXIANGBIAN HEJIN JIQI LI-CI-DIAN OUHE XIAOYING

陈峰华　著

出版发行	知识产权出版社有限责任公司	网　　址	http://www.ipph.cn
电　　话	010－82004826		http://www.laichushu.com
社　　址	北京市海淀区气象路 50 号院	邮　　编	100081
责编电话	010-82000860 转 8539	责编邮箱	pengxiying@cnipr.com
发行电话	010-82000860 转 8101	发行传真	010-82000893
印　　刷	北京中献拓方科技发展有限公司	经　　销	各大网上书店、新华书店及相关专业书店
开　　本	720mm×1000mm　1/16	印　　张	10.75
版　　次	2019 年 12 月第 1 版	印　　次	2019 年 12 月第 1 次印刷
字　　数	203 千字	定　　价	59.00 元
ISBN 978-7-5130-6706-5			

出版权专有　侵权必究
如有印装质量问题，本社负责调换。

前　言

铁磁形状记忆合金（Ferromagnetic Shape Memory Alloy，FSMA）作为一种新型的智能材料，在过去的十几年时间里有了长足的发展。因为其具有铁磁性和热弹性马氏体相变特征，不仅可以通过温度驱动产生应变，而且可以通过应力和磁场驱动产生应变，是制造新一代驱动器和传感器的关键材料。铁磁形状记忆合金［如 Ni-Mn-Ga，Ni-Mn-Sn，Ni-Mn-Sb 和 Ni-Mn-Sn(Sb, In)-X(X = Co, Fe, Cr)］由于具有磁性形状记忆效应（Magnetic Shape Memory Effect, MSME）、磁热效应（Magnetocaloric Effect，MCE）、磁感应应变效应（Magnetic-Field-Induced Strain, MFIS）以及磁阻效应（Magnetoresistance，MR）等诸多功能、性能而受到了广泛关注。

本书系统地介绍了 Ni-Mn-Ga 薄膜、薄带和 Ni-Mn-Sn 系列合金薄带等试样的制备及相关磁电性能，对 Ni-Mn-Ga 薄膜、薄带的磁性能及磁化机理、磁畴原位观察，以及强磁场对相变特性的影响进行了研究。对 Ni-Mn-Sn 系列合金及薄带除进行磁相变材料特性研究外，还研究了以该类合金基于 Ni-Mn-Sn 磁性形状记忆性能作为新型磁工质所必须克服的磁滞及相变温区狭窄问题为背景，制备取向薄带，并对该薄带磁热、磁电阻及等静压情况下相变、磁热、交换偏置等特性进行了研究。全书共 7 章，比较完整地讲述了该类合金的特性及发展研究趋势。

在本书撰写过程中，李帆、史文剑、叶先平、李晨等硕士生协助完成了文稿整理、图表绘制、文字编辑等工作；本书的框架设计、数据分析讨论及具体写作过程得到了北京科技大学姜勇教授，中国科学院宁波材料技术与工程研究所刘剑研究员，东北大学李宗宾教授、杨波副教授，太原理工大学轩海成副教授，哈尔滨工程大学陈枫副教授，太原科技大学张敏刚教授，澳大利亚伍伦贡大学姜正义教授等磁电功能材料领域专家的大力帮助和指导。在此向他们的辛勤付出表示衷心的感谢。

本书的出版得到了中国国家留学基金、中国博士后科学基金（2015M571285）、山西省自然科学基金项目（201901D111267）、山西省科学技术厅优秀人才科技创新项目（201805D211042）、山西省人力资源和社会保障厅新兴产业领军人才（2019042）及山西省留学回国人员科技活动择优资助、山西省回国留学人员基金（2016-092）、东北大学教育部材料各向异性与织构重点实验室基金（ATM20170003）、磁电功能材料及应用山西省重点实验室（201805D111002）、山西省清洁能源与现代交通装备关键材料及基础件学科群和太原科技大学材料科学与工程学院的大力支持。

由于作者水平有限，书中难免存在不足和疏漏之处，恳请专家和读者批评指正。

陈峰华

目　　录

第 1 章　绪论 ··· 1

1.1　引言 ··· 1

1.2　Ni-Mn 基哈斯勒合金相关物理效应 ································ 2

    1.2.1　Ni-Mn 基哈斯勒合金晶体结构 ····························· 2

    1.2.2　磁热效应 ··· 3

    1.2.3　磁阻效应 ··· 7

    1.2.4　磁感应应变效应 ······································· 7

1.3　Ni-Mn-Ga 磁性形状记忆合金 ····································· 8

    1.3.1　Ni-Mn-Ga 合金研究现状 ································· 8

    1.3.2　Ni-Mn-Ga 薄膜的制备 ·································· 10

    1.3.3　Ni-Mn-Ga 薄膜的微观结构 ······························ 11

    1.3.4　Ni-Mn-Ga 薄膜的磁性能及应用展望 ······················ 12

1.4　Ni-Mn-Sn 系磁性形状记忆合金 ·································· 16

    1.4.1　Ni-Mn-Sn 合金的晶体结构 ······························ 16

    1.4.2　Ni-Mn-Sn 合金磁感应应变机理 ·························· 16

    1.4.3　Ni-Mn-Sn 合金薄膜的研究现状 ·························· 18

1.5　磁制冷技术 ·· 20

    1.5.1　磁制冷技术的基本原理 ································· 20

    1.5.2　室温磁制冷技术研究现状 ······························· 20

    1.5.3　Ni-Mn-X（X =In,Sn,Sb）合金磁制冷研究现状 ············· 26

1.6　本书的主要研究内容 ·· 27

参考文献 ··· 29

第 2 章 试样制备及测试方法 ·················· 41

2.1 样品制备 ·················· 41
2.1.1 合金熔炼制备 ·················· 41
2.1.2 薄膜、薄带制备 ·················· 42

2.2 测试方法 ·················· 43
2.2.1 物相结构分析 ·················· 43
2.2.2 扫描电子显微镜 ·················· 44
2.2.3 原子力显微镜 ·················· 46
2.2.4 差热分析仪 ·················· 46
2.2.5 扫描探针显微镜 ·················· 46
2.2.6 多功能振动样品磁强计 ·················· 47
2.2.7 电阻率及磁电阻测试 ·················· 50
2.2.8 等静压力-磁耦合特性测试 ·················· 51

参考文献 ·················· 52

第 3 章 Ni-Mn-Ga 合金薄带制备及磁电特性研究 ·········· 53

3.1 引言 ·················· 53
3.2 Ni-Mn-Ga 薄带热处理及其影响 ·················· 53
3.2.1 热处理温度对 Ni-Mn-Ga 晶体结构的影响 ·················· 53
3.2.2 热处理温度对 Ni-Mn-Ga 相变温度的影响 ·················· 55
3.2.3 热处理温度对 Ni-Mn-Ga 微观组织的影响 ·················· 58
3.2.4 热处理温度对 Ni-Mn-Ga 微观组织的影响 ·················· 61

3.3 Ni-Mn-Ga 合金薄带相变过程磁性能动态研究 ·················· 69
3.3.1 马氏体相变过程中的磁性能 ·················· 69
3.3.2 马氏体相变过程中形貌及磁畴原位观察 ·················· 71
3.3.3 不同外加磁场对相变温度的影响 ·················· 76

3.4 Ni-Mn-Ga 合金薄带相变过程中磁电阻特性 ·················· 80
3.5 本章小结 ·················· 82
参考文献 ·················· 83

第 4 章 Ni-Mn-Ga 薄膜磁电特性及反常霍尔效应研究 ····· 88

4.1 引言 ········· 88
4.2 Ni_2MnGa 合金薄膜的微观组织 ········· 89
4.3 Ni_2MnGa 合金薄膜相变特性研究 ········· 90
4.4 Ni_2MnGa 合金薄膜的磁性能 ········· 93
4.5 Ni-Mn-Ga 薄膜的磁电阻特性 ········· 95
4.6 Ni-Mn-Ga 薄膜反常霍尔效应特性 ········· 98
4.7 本章小结 ········· 101
参考文献 ········· 102

第 5 章 元素掺杂对 Ni-Mn-Sn 合金相变调控及磁热特性研究 ········· 104

5.1 引言 ········· 104
5.2 Co 掺杂对晶体结构及相变温区调控 ········· 105
 5.2.1 Co 掺杂对晶体结构的影响 ········· 105
 5.2.2 Co 掺杂对相变温度及居里点调控 ········· 106
 5.2.3 Co 掺杂对磁制冷能力的影响 ········· 108
5.3 Ti 掺杂对 Ni-Mn-Sn 合金相变温度及磁制冷能力影响 ········· 115
 5.3.1 Ti 掺杂对晶体结构及组织的影响 ········· 116
 5.3.2 Ti 掺杂对相变温度及居里点的影响 ········· 118
 5.3.3 Ti 掺杂对磁制冷能力的影响 ········· 120
5.4 本章小结 ········· 124
参考文献 ········· 125

第 6 章 取向 Ni-Mn-Sn 薄带及其力-磁-电特性 ········· 131

6.1 引言 ········· 131
6.2 Ni-Mn-Sn 薄带晶体结构及微观组织 ········· 132

6.3 取向生长 Ni-Mn-Sn 薄带磁制冷特性 …………………………… 134
6.4 薄带马氏体相变过程中磁电阻特性 ………………………………… 141
6.5 等静压对取向薄带马氏体相变及磁热特性影响 ………………… 148
6.6 等静压对薄带交换偏置特性的影响 ………………………………… 151
6.7 本章小结 ………………………………………………………………… 152
参考文献 …………………………………………………………………… 153

第 7 章 总结与展望 …………………………………………………… 159

第 1 章

绪论

1.1 引言

随着现代科技的进步，人们在生产生活中对于新材料的需求不断增长，智能材料因为其特有的一些物理性质，越来越受到人们的关注。智能材料最基本的特征就是能随着周围环境的变化而做出相应的变化。作为现代新材料发展的一个重要方向，智能材料的发展不仅支撑着未来高新技术的发展，而且对于现在的材料科学发展具有重要的意义。形状记忆合金的发展是智能材料发展过程中的一个重要标志，1932 年，瑞典人奥兰德对金-镉合金进行变形后，再加热到一定温度，使其又可以恢复到原来的形状，人们将这种经过变形后加热又能恢复到原始状态的合金称为形状记忆合金（Shape Memory Alloy，SMA）。随后的 1938 年，哈佛大学的 Greninger 等发现 CuZn 合金中马氏体相变在加热-冷却的过程中会随着温度的改变而变化。进一步的应用出现在 1963 年，美国海军实验室 Buehler 等在实验过程中发现 NiTi 合金具有良好的形状记忆效应，并将该合金成功地应用于军用领域。随后的十几年里，形状记忆合金"大家族"不断壮大，科研人员先后发现了 Cu-Zn-Ni、Fe-Mn-Si 等各种形状记忆合金，丰富了形状记忆合金的种类，并成功地应用在各领域。

铁磁形状记忆合金作为一种新型的智能材料在过去的十几年时间里有一个长足的发展。因为其具有铁磁性和热弹性马氏体相变特征，不仅可以通过温度驱动产生应变，而且可以通过应力和磁场驱动产生应变，是制造新一代驱动器和传感器的关键材料。铁磁形状记忆合金，如 Ni-Mn-Ga，Ni-Mn-Sn，Ni-Mn-Sb 和 Ni-Mn-Sn(Sb,In)-X（X = Co,Fe,Cr）由于具有磁性形状记忆效应（Magnetic Shape Memory Effect，MSME）、磁热效应、磁感应应变效应以及磁阻效应等诸多功能、性能而受到了广泛的关注。已知 NiTi 基、Fe 基、Cu 基合金等传统的形状记忆合金，在马氏体状态下对其施加应力，产生塑性变形，再将温度升到奥氏体转变终止温度（A_f）以上，就会自动恢复到原始状态；如果将温度再次降到马氏体转变终止温度（M_f）以下，合金又会恢复到没有经过塑性变形的马氏体状态。传统的形状记忆合金比其他驱动材料具有更大的应变量，但是应变必须通过改变合金的温度来实现，所以它的响应速度相对比较慢，响应频率较低（约为 1Hz）。铁磁形状记忆合金伴随着加热或磁场的变化会经历一个从弱磁马氏体相到强的铁磁奥氏体相的马氏体转变（Martensite Transformation，MT），可以依靠磁场、温度或应力场驱动，可以比传统的一些形状记忆合金提供更高的响应频率，因此其弥补了响应频率低这一缺陷，能更好地应用到驱动和传感器上。

1.2 Ni-Mn 基哈斯勒合金相关物理效应

1.2.1 Ni-Mn 基哈斯勒合金晶体结构

哈斯勒（Heusler）合金是一种高度有序的金属间化合物，具有 $L2_1$ 结构，空间群为 $Fm\overline{3}m$，化学分子式为 X_2YZ，Ni-Mn-Ga 合金就属于哈斯勒合金。图 1.1 为 Ni_2MnGa 合金的立方单胞结构示意图，其点阵常数 a=0.582nm。根据不同的成分和温度，其点阵常数为 0.576~0.597nm。从图中可以看出，Ni 原子位于 8 个立方单胞的体心位置上，Mn、Ga 原子交替占据简单立方单胞的顶角，该有序结构可以看作由四个面心次晶格沿着对角线方向相互穿插组成。这 4 个次晶格的构成原子分别是 Ga、Ni、Mn、Ni，相应的坐标分别为（0，0，0）、（1/4，1/4，1/4）、（1/2，1/2，1/2）、（3/4，3/4，3/4）。

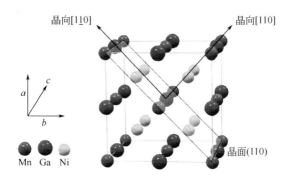

图 1.1 Ni$_2$MnGa 合金的立方单胞结构示意图

Fig. 1.1 Diagramofcubicunit cellstructure of the Ni$_2$MnGa alloys

Ni-Mn-Ga 合金在冷却过程中具有丰富的热弹性马氏体相变行为，可以形成 5 层、7 层、10 层调制和非调制等马氏体结构，同时，合金的组织结构和物理性质也发生了变化，如 X 衍射及电子衍射花样的突变、热效应的突变、电阻率的突变、磁性的突变等现象。

根据合金成分不同，Ni-Mn-Ga 合金中存在多种晶体结构的马氏体，其中最经常被观察到的三种马氏体为：非调制马氏体（NM）、5 层调制马氏体（5M）和 7 层调制马氏体（7M）。其中 NM 马氏体具有四方晶体结构（Tetragonal），空间群为 I4/mmm（No.139），图 1.2（b）给出了 NM 马氏体四方晶的晶体结构示意图。而 5M 和 7M 马氏体是具有长周期调幅的单斜晶体结构（Monoclinic），该结构为单斜的非公度调幅结构，可以采用空间群 P2/m（No.10）进行描述，图 1.2（c）和（d）分别给出了 5M 和 7M 马氏体单斜晶胞的结构示意图。

2004 年，日本东北大学 Sutou 等在对不含 Ga 的非正分 Ni-Mn-X（X=In，Sn，Sb）哈斯勒合金研究中发现该合金在温度诱导下经历从铁磁奥氏体相到反铁磁马氏体相，并利用 TEM 对从未报道的马氏体相进行了标定。

1.2.2 磁热效应

磁热效应，又被称为磁卡效应，是指对于铁磁马氏体相变材料，磁场在诱发马氏体相变的同时，通常会伴随着体系的熵的改变，产生吸热或放热现象。与传统的气体压缩制冷技术相比，基于磁热效应的磁制冷技术具有更多的优点，使得其拥有更为广阔的应用前景。磁制冷与传统气体压缩制冷的比较见表 1.1。

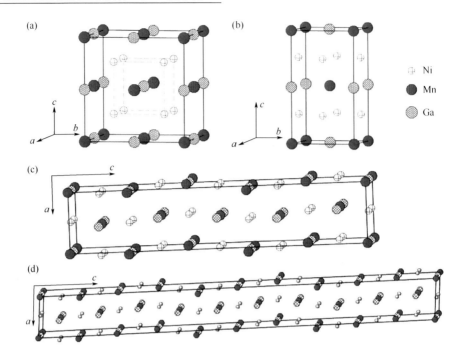

图 1.2 Ni-Mn-Ga 合金的晶体结构示意图

Fig. 1.2 The illustration of crystal structure of Ni-Mn-Ga alloys

(a) 奥氏体；(b) 非调制马氏体；(c) 5 层调制马氏体；(d) 7 层调制马氏体

表 1.1 磁制冷与传统气体压缩制冷技术的对比

Table 1.1 The comparation between magnetic refrigeration and traditional refrigeration

制冷方式	工质	发生装置	操作种类	外场	熵密度	效率	环境污染	体积	噪声
磁制冷	磁性物质	永磁体、超导磁体、电磁体	充磁退磁	磁场	高	高 30%~60%	无	小	小
气体压缩制冷	气体	压缩机	压缩膨胀	压力	低	低 5%~10%	有	大	大

磁热效应主要分为顺磁性材料的磁热效应和铁磁性材料的磁热效应。图 1.3 为顺磁性材料磁热效应示意图，等温条件下在没有施加外场时，材料中的磁矩处于没有统一方向的无序状态，磁熵较大；当施加一定方向的外场时，材料中的磁矩从无序状态变为有序状态，从而导致材料的磁熵降低，此时向外界放出

热量；当外加磁场减小至零场时，材料中的磁矩又由有序状态变为无序状态，磁熵增大，此时从外界吸收热量。图 1.4 为铁磁性材料磁热效应示意图，其原理与顺磁性材料的磁热效应原理类似。铁磁性材料在居里点附近会有一个明显的变磁性的转变，在居里温度以下，自发磁化的小磁畴分布在材料的内部，不同磁畴之间总磁矩方向是随机的，而单个磁畴内的磁矩方向保持一致。在零场下，材料不表现出磁性，随着温度升高到居里温度附近并增加磁场时，外加的磁场会使内部磁畴发生运动，起到破坏磁畴的作用，同时使磁矩方向趋于一致。在等温条件下磁熵减小，向外界放出热量。随着外加磁场降低到零，磁畴会再次出现，不同的磁畴之间磁矩方向又成为随机的状态，在等温条件下磁熵增大，从外界吸收热量。

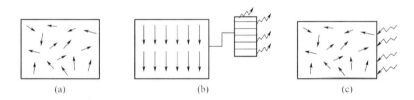

图 1.3 顺磁性材料磁热效应示意图

Fig. 1.3 Magnetocaloric effect of paramagnetic material

（a）无外场时；（b）有外场时，$H>0$；（c）去磁场时

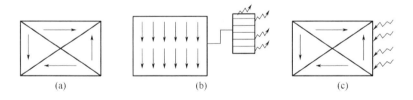

图 1.4 铁磁性材料磁热效应示意图

Fig. 1.4 Magnetocaloric effect of ferromagnetic material

（a）无外场时，$H=0$；（b）有外场时，$H>0$；（c）去磁场时，$H=0$

磁性材料总的磁熵变包括三个部分，分别是自旋电子熵、晶格熵和磁熵，其中自旋电子熵在较低温度下才会特别明显，在室温下一般不考虑它的影响。因此在本研究中只考虑晶格熵和磁熵。与传统的哈斯勒合金 Ni-Mn-Ga 的大磁热效应来源于马氏体结构相变引起的磁化强度的跳跃改变不同，Ni-Mn-X（X = Sn, In,

Sb）类哈斯勒合金的马氏体相呈现弱的铁磁性、顺磁性甚至反铁磁性，这类材料在马氏体相变过程中会产生大的磁化强度跳跃。在绝热条件下施加磁场会引起体系的磁熵增加而不是减少，从外界吸收热量。如图 1.5 显示在绝热条件下施加磁场，发生磁熵变的同时，伴随着高温铁磁奥氏体相到低温顺磁马氏体相的结构转变，晶格排列有序度升高，混乱度下降，晶格熵降低。在这个过程中晶格熵起到主导作用，因为晶格熵的减少要比磁熵的增加量大很多，所以总熵是减少，即此时材料从外界吸收热量，这一过程称为反磁热效应。磁熵变的大小是评估磁制冷性能的重要因素。除此之外，还有其他几个关键因素，如制冷能力和滞后损耗。尽管 Ni-Mn-X 材料通常显示出大的磁热效应，但由于热滞后和磁滞后的存在，材料的能量利用效率显著降低。因此，如何降低这些不利因素的影响已成为研究的重点。

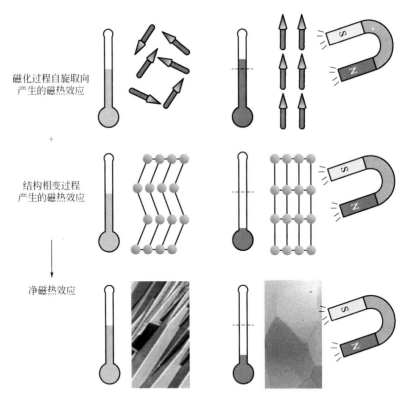

图 1.5 耦合磁性转变的一级结构相变反磁热效应示意图

Fig. 1.5 Megnetocaloric effect from a first-order magnetic transition with the magnetic and structural part

1.2.3 磁阻效应

磁阻效应是随着外加场的升高或降低，材料的电阻值改变的现象。随着温度的降低，Ni-Mn 基哈斯勒合金存在从高温铁磁奥氏体相到低温顺磁马氏体相的结构转变，因此电阻值会有一个突变。磁阻效应在电磁学器件和信息存储计算等领域有着广泛的应用。Zeng 等研究了 Ni-Mn-Ga 单晶的大的磁阻效应，研究表明，单晶 Ni-Mn-Ga 合金的电阻率显示出各向异性，并且在 230~315K 的宽温度范围内和 1.2T 中等磁场下，测得的 MR 值高达 25%。Pal 等研究了富 Ni 的哈斯勒合金 $Ni_{52}Mn_{34}Sn_{14}$ 的磁阻效应，在 8T 的外场下，马氏体相变温度附近存在较大的负磁阻（MR ≈ -30%）。Li 等定向凝固的 $Ni_{44.5}Co_{5.1}Mn_{37.1}In_{13.3}$ 铁磁形状记忆合金大的磁阻效应，研究表明，由于强磁结构耦合作用，磁场可引起逆马氏体相变，在 3T 磁场下产生高达 58%的负磁阻。Chen 等报道了 Ni-Mn-Ga 薄带在马氏体转变过程中一个类似于开关状的磁电阻现象（MR ≈ 2%），这是由于晶格的不稳定性和磁晶的各向异性，而这种高织构的 Ni-Mn-Ga 薄带则可广泛应用于磁存储器，同时也可作为温度传感器和磁传感器。

1.2.4 磁感应应变效应

磁感应应变效应是铁磁材料在外加磁场的条件下，长度及体积的大小发生细微的变化，而在磁场降为零时，长度和体积又恢复到原来状态的现象。在铁磁形状记忆合金中，磁感应应变效应的产生机制主要分为两种：（1）孪晶马氏体在磁场下的重取向；（2）磁场驱动相变。第一种机制对于单晶材料比较常见，其特点是在外加磁场较小的情况下就可以发生磁感应应变，而且产生的应变大，但是输出应力较小。Ni-Mn-Ga 作为受第一种机制控制的典型材料，到目前为止其单晶的磁感应应变已达到 10%以上，可适用于致动器、传感器和能量收集装置。与单晶 Ni-Mn-Ga 相比，多晶 Ni-Mn-Ga 更容易加工，但是由于晶界的约束抑制了孪晶边界运动，使得其 MFIS 接近于零。Chmielus 和 Zhang 等通过引入小尺寸的微孔来消除这种晶界的约束，制备了多孔 Ni-Mn-Ga 多晶，从而使其 MFIS 值达到 2.0%~8.7%，而且其循环稳定性特别好，该值已经接近最佳商业磁致伸缩材料值。第二种机制类似于传统形状记忆合金中的温度或应力驱动马氏体相变的机制，不同的是其驱动力为 Zeeman 能。由于 Zeeman 能对晶粒的取向并不敏感，因而这种效应在多晶中也能发现。

1.3 Ni-Mn-Ga 磁性形状记忆合金

1.3.1 Ni-Mn-Ga 合金研究现状

在众多智能材料中，铁磁形状记忆合金不但具有传统形状记忆合金受温度场控制的热弹性形状记忆效应，而且具有受磁场控制的磁形状记忆效应，已成为继压电陶瓷和磁致伸缩材料之后的新一代驱动与传感材料。1996 年，Ni-Mn-Ga 合金的发现进一步加速了此类合金的发展。目前，人们已经在单晶 Ni-Mn-Ga 块体合金中获得了 6%～12%的磁致应变，最高响应频率可达 kHz 数量级。铁磁形状记忆合金产生磁致应变的驱动机制主要有两种：一种是磁场诱发马氏体变体重取向，其中的典型代表是 Ni-Mn-Ga 合金；另一种是磁场诱发马氏体逆相变，其中的典型代表是 Ni-Mn-In 和 Ni-Mn-Sn 合金。

近年来，Ni-Mn-Ga 合金薄膜具有优异的力学性能，可以直接用于 MEMS 中等特性，更是引起了人们的广泛关注。然而，Ni-Mn-Ga 合金薄膜中存在复杂的微观组织，是其尚未获得大磁致应变的根本原因。此外，外延生长 Ni-Mn-Ga 合金薄膜中细小马氏体微观组织和晶体学取向之间联系有待深入研究。揭示 Ni-Mn-Ga 合金薄膜中的微观组织与晶体结构的内在联系、马氏体相变过程和机理，进而重新优化晶体学取向和微观组织，对于提高 Ni-Mn-Ga 合金薄膜的磁致应变性能和推动其在 MEMS 中应用有着重要的意义。

Tickle 等在偏振光显微镜下观察到了 Ni-Mn-Ga 合金中发生磁场诱发马氏体变体重取向的过程（磁场方向平行于试样的[100]方向），如图 1.6 所示。从图 1.1 中可以看出，在磁场强度较小时，试样中存在明显的孪晶组织；随着磁场强度的增大，试样中明亮的孪晶变体的体积分数逐渐减少，灰暗的孪晶变体的体积分数逐渐增多；当磁场强度增大到 1.2T 时，试样中的孪晶组织消失，只能观察到一个马氏体变体。

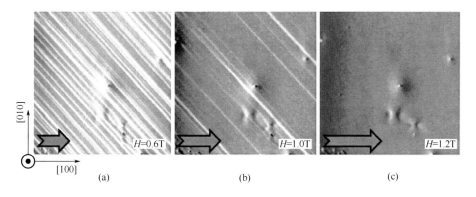

图 1.6 磁场诱导马氏体变体重取向导致的微观组织演化

Fig. 1.6 The microstructure evolution due to magnetic field induced variant rearrangement

(a) H=0.6T；(b) H=1.0T；(c) H=1.2T

图 1.7 给出了磁场诱导马氏体变体重取向过程示意图。如图 1.7 所示，合金中只包含两个马氏体变体 A 和 B，当施加外磁场后，马氏体变体 A 的易磁化方向将倾向于沿磁场方向排列。如果磁晶各向异性足够强，此时的磁场强度不足以使变体 A 沿着易磁化轴方向发生转动。而驱动孪晶界面移动所需的能量较小，在磁场作用下易磁化轴方向平行于磁场方向的有利变体 B 将通过孪晶界面的移动来不断增加体积分数，而易磁化轴方向垂直于磁场方向的变体 A 的体积分数则不断减少，即发生去孪晶，由于两种马氏体变体的形状各向异性，变体体积分数的改变将导致宏观形状的变化。

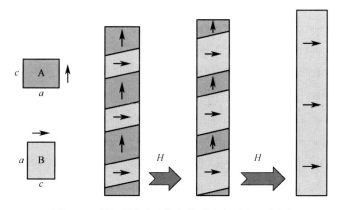

图 1.7 磁场诱导马氏体变体重取向过程示意图

Fig. 1.7 Schematic illustration of the magnetic field induced deformation due to the rearrangements of martensite variants

此外，Ni-Mn-Ga 合金中发生磁场诱发变体重取向必须满足以下条件：（1）合金中马氏体具有强磁晶各向异性；（2）合金中马氏体具有孪晶组织；（3）孪晶界面移动阻力 σ_{tw} 须小于磁诱导应力（$\sigma_{mag}=K_U/\varepsilon_0$），这里 K_U 是合金马氏体的磁晶各向异性常数，ε_0 是合金磁致应变的理论最大值。

1.3.2 Ni-Mn-Ga 薄膜的制备

与 Ni-Mn-Ga 块体相比，Ni-Mn-Ga 薄膜可以直接用于 MEMS 系统中，已成为磁传感器和驱动器的优选材料。Thomas 等已经在外延生长 Ni-Mn-Ga 薄膜中观察到磁场诱发马氏体变体重取向，并且设计出相应的微驱动器模型。迄今科学家已经对 Ni-Mn-Ga 薄膜的制备工艺、晶体学表征、微观组织及马氏体相变进行了大量研究。

根据文献报道，用来制备 Ni-Mn-Ga 薄膜的方法主要有磁控溅射、脉冲激光沉积、分子束外延等。脉冲激光沉积技术的脉冲激光功率较大，所得薄膜质量较差，容易在薄膜表面残存微米或亚微米级别的颗粒。虽然分子束外延技术具有制备大磁感应应变薄膜的潜力，但是其制膜方法对技术条件要求很高，限制了该技术在实际生产中的应用。与磁控溅射技术相比，脉冲激光沉积技术和分子束外延技术都不是制备 Ni-Mn-Ga 合金薄膜最常用的技术。从近几年有关 Ni-Mn-Ga 合金薄膜的研究报道可以看出，磁控溅射技术是制备 Ni-Mn-Ga 薄膜最常用且最成功的技术。迄今众多研究者通过大量的实验已经掌握制备成分与厚度可控 Ni-Mn-Ga 薄膜的磁控溅射工艺参数。

制备 Ni-Mn-Ga 薄膜的首要参数是基板的选择。通过选择不同的基板可以实现 Ni-Mn-Ga 薄膜的晶体取向控制。通常选用 Si 或者 Mo 基板制备多晶 Ni-Mn-Ga 薄膜，选用 MgO、Al_2O_3、$SrTiO_3$ 和 GaAs 制备外延生长 Ni-Mn-Ga 薄膜，如表 1.2 所示。

表 1.2　不同基板制备 Ni-Mn-Ga 薄膜的总结

Table 1.2　Summary of substrates for the fabrication of Ni-Mn-Ga thin films

基板	Ni-Mn-Ga 薄膜	备注	参考文献
Si	无外延生长	多晶薄膜	[94]
Mo	无外延生长	多晶薄膜	[89]

续表

基板	Ni-Mn-Ga 薄膜	备注	参考文献
SrTiO$_3$（100）	Ni-Mn-Ga 奥氏体<001>A	多晶薄膜	[83]
Al$_2$O$_3$（110）	Ni-Mn-Ga 奥氏体<110>A	单晶薄膜	[93]
MgO（100）	Ni-Mn-Ga 奥氏体<001>A	单晶薄膜	[91]
GaAs（100）	Ni-Mn-Ga 奥氏体<001>A	多晶薄膜	[95]

应该指出，目前国内研究学者的研究重点仍然是柱状多晶 Ni-Mn-Ga 薄膜。由于柱状多晶 Ni-Mn-Ga 薄膜的磁感应应变要比外延生长 Ni-Mn-Ga 薄膜的磁感应应变小很多，因此目前国际上的研究重点仍然是外延生长 Ni-Mn-Ga 薄膜，并且制备 Ni-Mn-Ga 单晶薄膜的技术仅被德国、法国和意大利等世界上少数几个科研院所掌握。此外，尽管在 MgO$_{(100)}$ 基板上制备 Ni-Mn-Ga 单晶薄膜的技术已经成熟，但是关于化学成分对薄膜晶体结构、微观组织和磁性能的系统研究还有待深入研究。

1.3.3 Ni-Mn-Ga 薄膜的微观结构

对于 Ni-Mn-Ga 薄膜的微观组织，Thomas 首先通过扫描电镜研究了 Ni$_{52}$Mn$_{23}$Ga$_{25}$ 薄膜中存在的细小马氏体板条，并且发现马氏体板条间界面迹线方向与 MgO 基板的边界方向成 45°夹角。Kaufmann 和 Backen 等在 Ni$_{54.8}$Mn$_{22.0}$Ga$_{23.2}$ 和 Ni$_{48.6}$Mn$_{32}$Ga$_{19.4}$ 薄膜中发现均有两种典型的微观组织：一种是浮凸比较明显的区域（X 型），另一种是浮凸不明显的区域（Y 型）。其中浮凸明显的区域（X 型）板条间界面迹线方向与 MgO 基板[100]$_{MgO}$ 方向成 45°夹角，而浮凸不明显的区域（Y 型）与板条间界面迹线方向与 MgO 基板[100]$_{MgO}$ 方向平行，如图 1.8 所示。

通过扫描电镜的截面照片可以看出，在浮凸明显的区域，其板条间界面跟 MgO 基板表面也成 45°夹角，浮凸不明显的区域板条间界面与 MgO 基板表面垂直。与块体 Ni-Mn-Ga 合金相比，Ni-Mn-Ga 薄膜中的马氏体板条要细小很多，板条宽度通常为 40～100nm。

莱希特（Leicht）等通过高分辨扫描隧道显微镜（STM）研究 MgO 基板生长 Ni$_{49.7}$Mn$_{25.7}$Ga$_{24.6}$ 薄膜发现，这个夹角 2α 约为 3.0°±0.1°，其理论值为 2.85°。并且在其中一个马氏体板条内部还有更细小的浮凸存在，而与之相邻的板条内部没有小浮凸存在,如图 1.9 所示,莱希特等认为这种细小的浮凸是由于板条内部的层错所致。

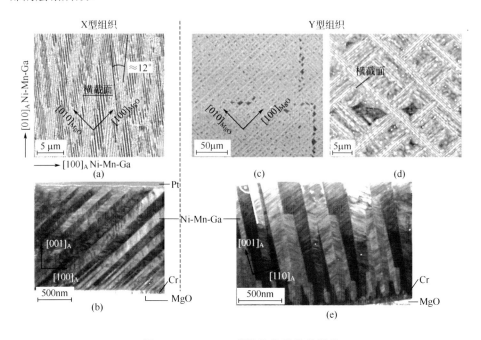

图 1.8　Ni-Mn-Ga 薄膜的典型微观组织

Fig. 1.8　Typical microstructure of Ni-Mn-Ga thin films epitaxial on MgO (100) substrate

(a) X 型组织;(b) X 型组织的截面组织;(c)、(d) Y 型组织;(e) Y 型组织的截面组织

1.3.4　Ni-Mn-Ga 薄膜的磁性能及应用展望

文献中关于 Ni-Mn-Ga 薄膜磁性能的研究主要集中于磁化行为、热磁性能及磁传输特性这几个方面。卡斯坦(Castan)等研究了 Ni_2MnGa 多晶薄膜的磁化行为与基板温度的关系,发现薄膜的饱和磁场强度不依赖于基板温度,但饱和磁化强度随基板温度升高而显著增大;薄膜并未显示出沿膜面方向的磁晶各向异性,但垂直于膜面方向的磁滞回线无滞后,说明难磁化轴直于膜面方向,易磁化轴平行于膜面方向。哈科拉(Hakola)等研究了 $Ni_{46}Mn_{30}Ga_{24}$ 多晶薄膜在外磁场作用下的磁滞回线,发现沿膜面和垂直膜面方向的磁化行为不同,呈现磁晶各向异性。平行于膜面方向的磁化曲线方而窄,说明由单一软磁相组成,故磁晶各向异性能较小。当外磁场垂直于膜面方向时,因薄膜的退磁因子近似

等于1，故薄膜内部的退磁场较大，导致磁化曲线倾斜，表明垂直于膜面方向为难磁化轴方向。$Ni_{46}Mn_{30}Ga_{24}$薄膜的室温饱和磁化强度为34emu/g，约为化学计量比Ni_2MnGa单晶室温饱和磁化强度的60%。蒂利耶（Tillier）等对$Ni_{52.5}Mn_{24}Ga_{23.5}$合金多晶薄膜处于奥氏体和马氏体状态的磁性能进行了比较，发现薄膜处于高温奥氏体状态时，显示出顺磁性，矫顽力非常小，在较小外磁场的作用下，薄膜便能达到饱和。薄膜处于马氏体状态时，显示出铁磁性，出现了较大的矫顽力，磁场加到1.3T，薄膜才得到饱和。

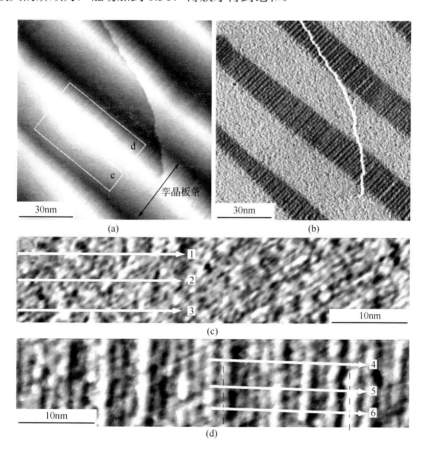

图1.9 两个孪晶马氏体板条的STM图像

Fig. 1.9 STM image of a twin lamella revealing a second corrugation feature

（a）表面浮凸；（b）电流信号；（c）无小浮凸板条的电流信号；（d）有小浮凸板条的电流信号

最近，Ranzieri等在$MgO_{(100)}$基板上外延生长$Ni_{53.7}Mn_{22.1}Ga_{24.2}$薄膜的磁畴结构和磁滞回线，发现了当磁场平行于$[100]_{MgO}$方向时，磁滞回线显示出马氏体变体重取向，并指出通过调控微观组织，获得更多的 Y 型组织，从而观察到马氏体变体重取向，如图 1.10 所示。Laptev 等利用实验和微磁学模拟计算研究了

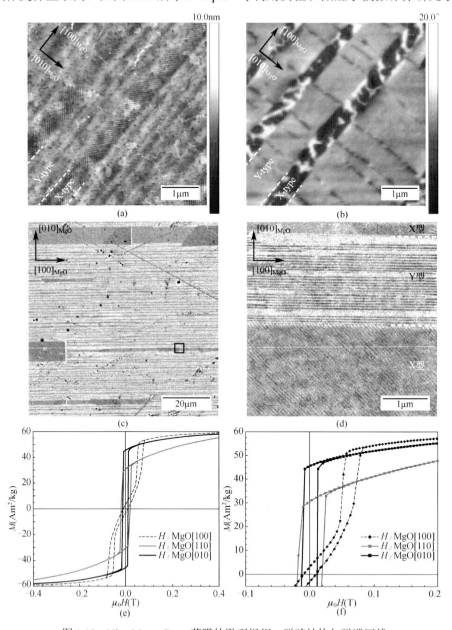

图 1.10　$Ni_{53.7}Mn_{22.1}Ga_{24.2}$ 薄膜的微观组织、磁畴结构与磁滞回线

Fig. 1.10　Microstructure, magnetic domain structure, and magnetization processes of $Ni_{53.7}Mn_{22.1}Ga_{24.2}$ thin films

（a）原子力显微形貌图；（b）磁畴结构图；（c）、（d）扫描电镜显微组织图；（e）、（f）磁滞回线

不同温度下 $Ni_{52}Mn_{24}Ga_{24}$、$Ni_{52}Mn_{21}Ga_{27}$ 和 $Ni_{50}Mn_{27}Ga_{23}$ 薄膜的磁化过程，发现磁滞回线中的台阶状变化并非来自马氏体变体重取向而是马氏体微观组织中静磁相互作用的结果。

Ni-Mn-Ga 薄膜的磁感应应变是其最重要的性质之一，然而由于 Ni-Mn-Ga 薄膜的尺寸太小，因此诸多研究尚未开展直接测量 Ni-Mn-Ga 薄膜磁感应应变。只有 Kohl 等研究发现，将 0.4μm 厚的 $Ni_{51.4}Mn_{28.3}Ga_{20.3}$ 薄膜沉积于 5μm 厚 Mo 单束悬臂梁上，将该 Ni-Mn-Ga/Mo 系统置于均匀磁场内，可获得沿膜面方向约 650ppm（1ppm=1×10^{-6}）的应变。由于 Ni-Mn-Ga 薄膜的孪晶移动临界应力高达 30MPa，磁场若要驱动这样的孪晶变体边界移动所需的能量将达 $1.8\times10^{6}J/m^{3}$，该能量已高于 Murray 等在 $Ni_{49.8}Mn_{28.5}Ga_{21.7}$ 单晶中获得6%磁诱发应变需要的磁晶各向异性能一个数量级以上。因此，在这么高的孪晶移动临界应力下，$Ni_{51.4}Mn_{28.3}Ga_{20.3}$ 薄膜马氏体变体边界很难在磁场驱动下移动而产生 650ppm 磁诱发应变，该应变仅是 $Ni_{51.4}Mn_{28.3}Ga_{20.3}$ 薄膜的磁致伸缩量，而非磁场诱发马氏体孪晶界移动导致的磁应变。

针对 Ni-Mn-Ga 磁性形状记忆合金薄膜在 MEMS 领域的应用，Kohl 等利用 Ni-Mn-Ga 薄膜铁磁性和马氏体转变的特性，设计了一种微执行器，如图 1.11（a）所示。利用此原理，进一步设计出了微扫描仪［图 1.11（c）］。其中 Ni-Mn-Ga 薄膜由射频磁控溅射设备制得，成分为 $Ni_{54}Mn_{24.1}Ga_{21.9}$，扫描频率小于 80Hz，最大扫描角度为 120°。

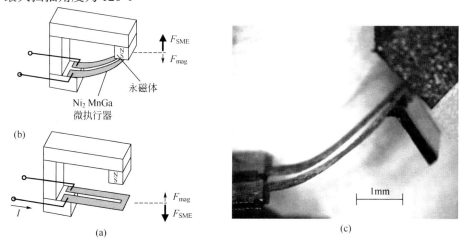

图 1.11 微执行器原理图

Fig. 1.11 Micro-actuators of Ni-Mn-Ga thin films

（a）无电流时的工作示意图；（b）有电流时的工作示意图；（c）微执行器实物图

Backen 提出了利用无基板限制外延生长 Ni-Mn-Ga 薄膜设计微执行器的想法，虽然目前观察到了孪晶界面的移动，但是外延生长 Ni-Mn-Ga 薄膜中的孪晶应力比较大，需要用很大磁场才能驱动。因此目前急需外延生长 Ni-Mn-Ga 薄膜的制备和外场训练工艺，实现微观组织调控，从而满足微型传感器和执行器的应用要求。

1.4 Ni-Mn-Sn 系磁性形状记忆合金

1.4.1 Ni-Mn-Sn 合金的晶体结构

Ni-Mn-Sn 合金的母相为高度有序的 $L2_1$ 晶体结构，空间群为 $Fm\bar{3}m$，晶体点阵与 Ni-Mn-Ga 系合金相似。对于正分配比的 Ni_2MnSn 合金来说，其母相具有完整的 Heulser 有序结构，但是在升温和降温过程中并未发生马氏体相变现象，因而没有引起研究者的重视。但在非正分配比的 $Ni_{50}Mn_{50-x}Sn_x$ 合金中，当 Mn 原子含量过量时观察到了完整的热弹性马氏体相变现象。然而其马氏体相的晶体结构随着成分、价电子浓度和温度的不同而表现出比较复杂的状态，包括四种类型：4 层调制四方结构马氏体（4O）、10 层调制四方结构马氏体（10M）、14 层调制四方结构马氏体（14M）、非调制四方结构（L10）马氏体。4O 结构马氏体是 Ni-Mn-Ga 系磁致形状记忆合金中所不具备的马氏体类型，该结构马氏体在母相体系下为调制正交结构，由 4 层（110）c 密排面堆垛而成，晶格常数为 a=4.383Å（1Å=0.1nm），b=5.640Å，c=8.704Å。L10 马氏体是 Ni-Mn-Sn 合金中最稳定的马氏体，在母相坐标系下为非调制的体心四方结构，它可以由母相直接转变而来，也可以由 4O、10M 和 14M 马氏体在低温区由中间马氏体相变而来。

1.4.2 Ni-Mn-Sn 合金磁感应应变机理

Ni-Mn-Sn 系合金是继 Ni-Mn-Ga（Al）、Co-Ni-Ga（Al）、Ni-Fe-Ga、Fe-Pd（Pt）合金之后开发出的一种新型磁致形状记忆合金。自 2004 年日本学者 Sutou 等在化学配比为 $Ni_{50}Mn_{50-x}Sn_x$ 合金中观察到完整的热弹性马氏体相变以来，

Ni-Mn-Sn 合金受到了人们的广泛关注,其研究的重点在于磁场诱发相变及磁热。

与传统的铁磁形状记忆合金 Ni-Mn-Ga 不同,Ni-Mn-Sn 合金磁致形状记忆效应的机制为磁场诱发马氏体相变。由于 Ni-Mn-Sn 合金的马氏体相为非常弱的磁性状态,从孪晶运动的角度出发,即使施加的外磁场再高,也无法驱动该类合金马氏体变体之间孪晶界面的运动,从而产生大的宏观应变。然而,由于铁磁奥氏体相与弱磁马氏体相之间存在较大的磁化强度的差别,并且磁场能够稳定具有高磁化强度的结构相,因此施加外磁场时能够发生弱磁马氏体相转变为铁磁奥氏体相的逆马氏体相变,从而引起宏观形状的变化。利用克劳修斯-克拉贝隆方程可以描述马氏体相变过程中温度的变化:

$$\Delta T \approx \left(\frac{\Delta M}{\Delta S}\right)\Delta H \quad (1\text{-}5)$$

式中,ΔT 为相变温度的变化;ΔM 和 ΔS 分别为马氏体相与奥氏体相之间的磁化强度差和熵变;ΔH 为外加磁场的变化。处于某一温度范围时,施加磁场后合金相变温度会朝低温方向有大幅度移动,当逆相变温度低于环境温度时,则会发生逆马氏体相变,如图 1.12 所示。移除磁场后,相变温度恢复到原来的温度,合金则发生马氏体相变。这就是磁场驱动逆马氏体相变的原理。

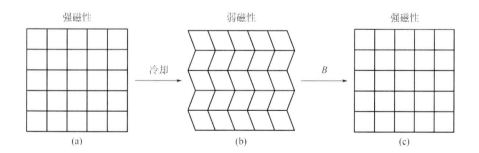

图 1.12 Ni-Mn-Sn 合金磁致形状记忆效应

Fig.1.12 Magnetic shape memory of Ni-Mn-Sn alloy

(a)母相奥氏体;(b)马氏体;(c)恢复奥氏体

1.4.3 Ni-Mn-Sn 合金薄膜的研究现状

国内外的许多研究学者对于 Ni-Mn-X（X=In,Sn,Sb）新型磁致形状记忆合金的研究集中在如何有效地提高其磁热效应上。由于该材料具有较大的低场磁熵变性能，因而在室温磁制冷领域有潜在的应用价值。自从 2007 年南京大学的 Han 等在 $Ni_{50-x}Mn_{39+x}Sn_{11}$（$x$=5,6,7）合金中获得了 1T 磁场下高达 10.4J/(kg·K)的磁熵变以来，对 Ni-Mn-Sn 合金获得更大磁熵变的研究从未止步。然而，随着微机电系统的研究和应用的深化，微小空间内的局部制冷将在 MEMS 系统中得到重要应用，但是目前的研究工作主要集中于块体材料，薄膜磁熵变材料的研究鲜见报道。

与传统的磁制冷材料产生磁制冷的机理所不同，新型的 Ni-Mn-X（X=In，Sn，Sb）合金最大的特征是可以实现磁场驱动马氏体相变，利用"反磁热效应"达到制冷的目的。2009 年，林志平等对成分为 $Ni_{44}Mn_{45}Sn_{11}$ 块体和薄膜材料的磁性和磁熵变性能进行了研究，结果表明，尽管薄膜材料与块体材料的晶体结构相同，但是由于薄膜样品的晶粒相对细小（约 5nm），从而导致饱和磁化强度低，磁转变平缓等，在相同的测试温区内，其磁熵变只有 0.05J/(kg·K)。莫达克(Modak)等发现通过改变溅射时间,可以制备出不同厚度的 Ni-Mn-Sn/Si(100)薄膜，并且其晶体结构和磁性能会随着厚度的变化显示出明显的差异，当薄膜厚度为 250nm，施加外磁场为 1.2T 时，会产生 0.81J/(kg·K)的磁熵变，磁热效应较之前明显提升。随后，Yuzuak 等利用 MgO(100)基板制备了厚度为 200nm 的外延生长 Ni-Mn-Sn 薄膜，发现在马氏体转变温度（260K）附近伴随有大的反磁热效应，并且在 1T 磁场下磁熵变为 1.6J/(kg·K)，有效制冷能力高达 36.5J/kg，这一结果与块体 Ni-Mn-Sn 合金相当。

根据麦克斯韦方程，当磁场强度相同时，磁熵变与两相的饱和磁化强度差 ΔM 呈正比，与马氏体转变温度跨度 ΔT 呈反比，因此若想获得大的磁熵变，需要增大 ΔM 或者减少 ΔT。研究发现，向 Ni-Mn-Sn 合金薄膜中掺杂第四组元 Co，由于 Co 替代了 Mn-Sn 的位置，会使磁矩增加并且扩宽转变温度，奥氏体转变温度向高温处移动，从而导致磁熵变和制冷能力的提高。莫达克等就研究了 Si 基板上不同厚度的 Ni-Mn-Co-Sn 薄膜，其磁熵变和制冷能力随着厚度的增加而增加，当厚度为 360nm 时，与 Ni-Mn-Sn 薄膜相比，Ni-Mn-Co-Sn 薄膜的磁熵变和制冷能力分别提高了 3.8 倍和 8.9 倍。

选择合适的基板能够制备出不同马氏体相变特性的 Ni-Mn-Sn 薄膜，其中单晶 Si 基板制备多晶 Ni-Mn-Sn 薄膜研究最为广泛。2010 年，Vishnoi 等研究了 Si 基板上富 Mn Ni-Mn-Sn 薄膜的马氏体相变特性，发现马氏体转变温度随着 Mn 含量的增加而相应地增加，但是当 Mn 含量超过一定值时，形成反铁磁性的物质增多导致饱和磁矩的降低，从而会限制马氏体相变的发生。2011 年，Vishnoi 等研究了 Si 基板上多晶 $Ni_{50}Mn_{36}Sn_{14}$ 薄膜的马氏体相变特性与厚度的关系，发现当薄膜厚度低于 120nm 时，其马氏体转变完全被抑制，这是因为晶粒尺寸小于允许发生相变所要求的临界值（约 9.1nm）。但是随着薄膜厚度的增加，马氏体转变温度会随之提高，但是当薄膜厚度增加到 1400nm 以上时，形成了 $MnSn_2$ 和 Ni_3Sn_4 的沉积相，导致其磁形状记忆效应明显弱化。因此将薄膜厚度控制在一定值从而获得具有明显马氏体相变特性的外延生长 Ni-Mn-Sn 薄膜，另外，在特定晶体学取向的薄膜中也同样发现了较为明显的马氏体相变现象。2014 年，Teichert 等在 MgO（001）基板上获得了奥氏体取向为（001）A 的 $Ni_{51.6}Mn_{32.9}Sn_{15.5}$ 外延生长薄膜，即使厚度降到 10nm，该薄膜仍然存在较为明显的马氏体相变特性，这是由于特定晶体学取向的外延生长薄膜能调控马氏体变体的数量，从而利于获得马氏体相变现象。

除了薄膜厚度会影响 Ni-Mn-Sn 薄膜马氏体相变外，合金元素的掺杂以及退火温度等都是影响马氏体相变温度的因素。2008 年，Dubowik 等在对比了 $Ni_{50}Mn_{50-x}Sn_x$ 块体材料和薄膜材料的磁性能差异后发现，尽管块体材料存在较明显的马氏体相变现象，但是将薄膜进行 900K、1h 的退火处理后其马氏体转变尤为明显。2012 年，Choudhary 等在 Si（100）基板上制备了（220）A 取向的 Ni-Mn-Sn-Ti 薄膜，随着 Ti 功率的增加，马氏体转变温度随着 Ti 含量的增加而逐渐升高。2015 年，Machavarapu 等报道了 Ar 压强对外延生长 Ni-Co-Mn-Sn 薄膜马氏体转变、磁性能和交换偏置性能的影响，Ar 压强的增加能明显提高马氏体转变温度，并且在 Ar 压强为 0.06mbar 溅射时观察到了明显的转变现象。2017 年，Wang 等研究了低温退火对自由状态 $Ni_{51}Mn_{36}Sn_{13}$ 合金薄膜马氏体相变的影响，发现随着退火温度的提高，奥氏体相的有序度明显增加，从而引起马氏体转变温度和居里温度的提高，最为重要的是明显降低了热滞和交换偏置效应。

1.5 磁制冷技术

1.5.1 磁制冷技术的基本原理

磁制冷是一种以磁性材料为工质的全新的制冷技术，其基本原理是借助磁制冷材料的磁热效应，即利用磁制冷材料等温磁化时向外界放出热量，而绝热退磁时从外界吸收热量，达到制冷目的。图 1.13 是磁制冷原理的简单示意图。

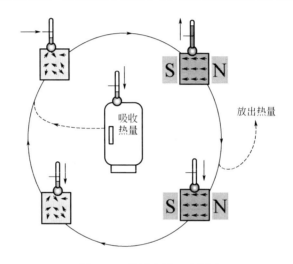

图 1.13 磁制冷原理示意图

Fig. 1.13 Schematic diagram of magnetic refrigeration

磁热效应是磁性材料的一种固有特性，从热力学上来说，它是通过外力（磁场）使磁熵发生改变，从而形成一个温度变化，当施加外磁场时材料的磁熵降低并放出热量；反之，当去除外磁场时，材料的磁熵升高并吸收热量。

1.5.2 室温磁制冷技术研究现状

磁制冷技术在室温附近的应用却存在理论上的困难。1976 年，Brown 首先采用稀土金属 Gd 为磁制冷材料，在 7T 磁场下进行了室温磁制冷的实验，开创了室温磁制冷技术的新纪元，随后室温附近的磁制冷技术的研究与开发才开始

第1章 绪论

逐渐活跃起来。

近年来，室温磁制冷技术因其高效节能、无环境污染等优点而成为当前制冷技术领域的研究热点，有望成为取代传统气体压缩制冷的新一代室温区磁制冷技术。而作为磁制冷技术中关键的磁制冷工质材料的开发和应用受到国内外研究者的青睐和重视并因此取得了较大的进展。

其中，以稀土元素钆（Gd）、钆硅锗合金、镧铁硅合金、钙钛矿化合物及锰铁磷砷合金为代表的一系列室温磁制冷工质等得到了广泛的研究和发展。其中，稀土元素钆（Gd）因其接近室温的居里温度（T_C=293.5K），且具有较大的磁热效应，而较早的得到关注。

1996 年美国宇航公司（Astronautics Corp. of America）与美国国家能源部在爱荷华大学所设的国家实验室（Ames Laboratory）合作，完成了第一台以金属 Gd 为制冷工质、以超导磁体（磁场强度达 5T）为磁场源、工作于室温附近的磁制冷样机。该样机从 1996 年 12 月开始，连续工作了 1200 小时，运转过程的测试结果表明，它的效率能达到 50%～60%。而传统的气体压缩制冷技术最多只能达到 40%，大多数情况下只能达到 25%。这台样机不仅效率高，而且不排放任何污染物、噪声低，与传统的制冷技术相比较，它具有很强的竞争力。

上述样机的研制成功是磁制冷技术开发的一项重大突破，但是，从商业开发的角度来看，上述样机最严重的问题在于它的磁场采用超导磁体。如前所述，在超导磁体产生的 5T 磁场的条件下，能得到很高的磁制冷效率（50%～60%），制冷功率达 500W。若磁场源由现有的 NdFeB 永磁体所能产生的 1.5T 磁场条件下，制冷功率降低到 150W。上述研究表明，磁制冷材料（稀土金属 Gd）必须要求很高的磁场才能得到大的磁热效应，而只有超导磁体才能得到这样的磁场，因此如果以该类磁制冷工质为载体，磁制冷技术距离商品化还有一定的距离。

1997 年，美国 Ames 实验室的两位科学家 Percharsky 和 Gschneidner 在 $Gd_5(Si_xGe_{1-x})_4$ 系合金的研究方面取得了突破性进展：当 $x \leqslant 0.5$，具有巨磁热效应且居里点可以在 30～280K 之间通过 Si:Ge 来调整（Ge 越多，T_C 越低）；在同样的磁场变化条件下，该系合金的磁熵变为已发现的各温区经典磁制冷材料的 2～10 倍；通过添加微量的 Ga［化学式为 $Gd_5(Si_{1.985}Ge_{1.985}Ga_{0.03})_2$］可将居里点提高到 286K，而巨磁热效应保持不变。1998 年，国内南京大学陈伟等研制了具有巨磁热效应的钙钛矿型纳米 $La_{1-x}K_xMnO_3$ 材料，该系化合物的最大优点在于在室温附近、低磁场下具有较大磁熵变，且居里点可调、价格相对便宜、化学性能稳定。可见，新材料的发现使磁制冷技术向商品化开发迈进了一大步，这是磁制冷技术开发的另一项重大突破。

2001 年，Ames 实验室与美国宇航公司公布了磁制冷样机与材料方面的研究进展。新公布的第二台样机与第一台样机比较，有两点区别。首先用稀土磁体代替超导磁体，其次用旋转式结构代替往复式结构，其样机图如图 1.14 所示。Ames 实验室还进一步改进 Gd-Si-Ge 材料的制备工艺。过去的制备工艺用高纯 Gd，而且规模很小（只有 50g）；新工艺用商品 Gd，而且达到千克级规模。

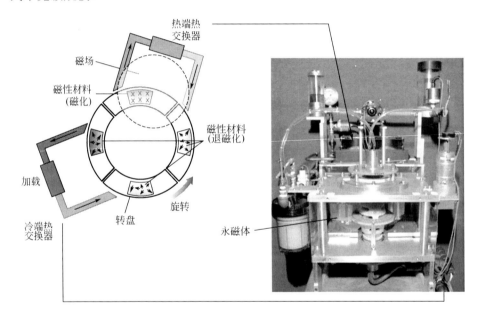

图 1.14 旋转式磁制冷样机概念及样机图

Fig. 1.14 the concept map of rotating magnetic refrigeration prototype

磁制冷中制冷效果、效率显著依赖于磁制冷工质的等温磁熵变（ΔS_m）、绝热温变（ΔT_{ad}）、制冷能力（RC）等因素。磁制冷研究中十分关键的问题就是对磁制冷工质的研究。图 1.15 是近年来出现的几种有代表性的巨磁卡效应材料的 ΔS_m 性能。

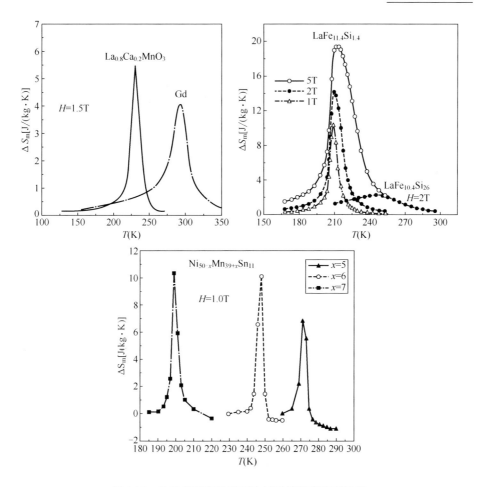

图 1.15 几种典型室温磁制冷材料等温磁熵变性能

Fig. 1.15 Typical isothermal magnetic entropy change properties of room temperature magnetic refrigerant materials

20 多年来,科学家在理论和实践中做了大量的工作,先后发现许多稀土-过渡金属类金属间化合物和某些铁氧体以及磁性形状记忆合金等均存在磁热效应。2001 年 11 月,美国爱荷华州立大学 Ames 实验室联合美国宇航公司研制成世界上第一台室温永磁体(NdFeB)磁制冷机,该机使用纯稀土金属钆(Gd)制成,而稀土金属 Gd 易氧化腐蚀以及高昂的价格制约了其商业化应用。目前室温磁制冷材料主要集中在稀土金属 Gd 及合金,中国科学院物理研究所胡凤霞等先后于 2000 年和 2001 年开始研究的 $LaFe_{11.4}Si_{1.6}$ 和 $La(Fe_{0.98}Co_{0.02})_{11.7}Al_{1.3}$ 等系列,特古斯（Tegus）等于 2002 年开始研究的 $MnFeP_{1-x}As_x$ 系列以及日本东北大学 Sutou 等 2004 年开始研究的 Ni-Mn-X（X=In，Sn，Sb）磁性形状记忆合金。$La(FeSi)_{13}$ 系列由于研究较早，具有大的室温等温磁熵变，同时结合我国的稀土资源优势，成为目前国内及国际磁制冷样机中的主要磁工质。产业化方面，国内包头稀土研究院与海尔公司已经试生产出采用 $La(FeSi)_{13}$ 系制冷工质的复合式室温磁制冷样机。Ni-Mn-X（X=In，Sn，Sb）系列，虽然研究较晚，但在随后的研究中由于在较低磁场情况下（1.0T）获得与 $La(FeSi)_{13}$ 系列比较相同的等温磁熵而备受关注。该类合金除了其相变温度可调、大的等温磁熵变、原材料丰富外，还具有磁感应应变、巨磁电阻、逆向压热效应等而受到国内外科研单位的关注。

可见，由于近年来在近室温附近磁制冷技术取得了突破性进展，这些进展在国际上引起了较大的轰动，引发了全球新一轮磁制冷技术开发的热潮。针对量大面广的近室温磁制冷装置，大力开发具有巨磁热效应的磁制冷材料已成为当前磁制冷技术研究开发的主流。

在 2014 年以前，因种种原因，想要研制出一个商业化磁致热的制冷装置却是不太可能的。长久以来，研究人员只能使用超导磁体进行低温冷却，这只适用于大型低温冷却系统，在室温条件下毫无用处。

2010 年后，磁致热材料以及强室温磁技术不断发展使得磁制冷（磁致热）技术变得不再遥不可及。2014 年 2 月，通用电气公司（GE）表示，公司研发出一种新的磁制冷技术，这种技术的效率比现在的制冷技术高 20%～30%。通用电气公司希望新型磁制冷技术能够在未来 100 年内成为制冷方式的首选（图 1-16）。

图 1.16　通用电气公司磁制冷样机

Fig. 1.16　GE Corp magnetic refrigeration prototype

通用电气公司研究人员表示，他们已经对磁致热制冷技术进行了10年的研究。他们花费5年建造了一台巨型机器，能够实现1℃的降温。而今，他们创造出一台桌子大小的设备，能够实现44℃的降温，不管是用于冷冻机、冰箱还是空调都绰绰有余。如果新技术能够实现高于现今制冷技术20%甚至30%，那么将节省数十亿美元的能源成本。

2015年1月，全球大型家电品牌海尔展出了全球首款商用磁制冷酒柜，一亮相就成了展会上注意力的焦点。据现场工作人员介绍，与传统的压缩机制冷技术相比，磁制冷酒柜的主要优势是无压缩机，运行高效平稳，制冷速度快，可快速降温50 ℃以上。在展会现场，来自美国的红酒爱好者Adam先生谈起红酒储存经验时表示，酒柜震动对红酒储存品质影响很大，压缩机一启动，酒柜就会随之震动，烦人的噪声也会随之响起，既影响红酒品质又影响人的心情。在现场体验了磁制冷酒柜后，Adam感觉很惊喜："这款磁制冷酒柜工作起来就像没在工作一样，我不是说制冷效果不好，而是震动和噪声都消失了，它安静得让我心动。"

"磁制冷技术就像一枚硬币有两个面，一方面它更加节能环保，可以实现无化学物质制冷，单位能耗低，另一方面其主要应用于航天、医疗领域，民用化障碍重重。从这款磁制冷酒柜来看，海尔称得上是全球第一个将磁制冷技术应用于生活的企业。"科技爱好者Dick表示。海尔展区的负责人称，相较于传统压缩机制冷系统，基于磁热效应的磁制冷系统能耗节省率可达35%，同时这一技术用水做制冷剂，节能环保的同时在安装和维护上也无须担心泄漏。

面对现场参展商和与会者的高度关注，海尔美国技术中心负责超前技术研发的主管谢涛博士表示，海尔全球首款磁制冷酒柜是从用户需求中诞生的，它在帮助用户节约能源、节省开支和降低噪声等方面展现出了巨大潜力（图1.17）。磁制冷技术是一项环境友好型技术，不会产生温室气体或任何破坏臭氧层的气体，

图1.17 海尔电气公司磁制冷红酒酒柜样机

Fig. 1.17 Haier electric magnetic refrigeration prototype red wine

目前海尔正开放引入更多资源共同来优化这项新技术。

磁制冷技术代表了未来 10 年的制冷发展方向,获得了美国普渡大学、德国研究中心、日本能率及中国 TRIZ 专家一致认可。海尔计划很快就将该技术投放市场,为用户提供更多无压缩机制冷家电。

1.5.3　Ni-Mn-X（X=In,Sn,Sb）合金磁制冷研究现状

2004 年,日本东北大学 Sutou 等在对不含 Ga 的非正分 Ni-Mn-X（X=In,Sn,Sb）哈斯勒合金研究中发现该合金在温度诱导下经历从铁磁奥氏体相到反铁磁马氏体相,并利用 TEM 对从未报道的马氏体相进行了标定。2005 年,德国杜伊斯堡-埃森大学的 Krenke 等报道了 $Ni_{50}Mn_{50-x}Sn_x$ 合金在铁磁马氏体相变附近 5T 磁场下具有 4.1J/(kg·K)的大磁熵变,奥氏体相具有 $L2_1$ 结构,马氏体相根据 Sn 含量存在 10M、14M、L10 结构。同年 Krenke 等针对巨磁卡效应机理进行了报道,指出马氏体相变的过程中通过晶格参数的改变来调整磁交换作用,相关研究发表在 *Nature Materials*。2006 年,日本东北大学 Kainuma 等发现 $Ni_{45}Co_5Mn_{36.7}In_{13.3}$ 单晶合金在 298K 附近 7T 磁场驱动马氏体相变导致的 50 倍以上的巨磁感应应变效应,并且几乎是完全的形状恢复效应,该项研究发表在 *Nature* 上,随后一系列研究展开。2010 年 Mañosa 等在对 Ni-Mn-In 合金研究静压力对熵变影响时,发现了巨大的逆向压热效应（Barocaloric Effect）,研究发表在 *Nature Materials* 杂志。2012 年,韩志达等报道了 Co 掺杂对 $Mn_2Ni_{1.64-x}Co_xSn_{0.36}$ 合金中铁磁马氏体相变的影响,并在相变温度 300K 附近发现了大的磁熵变效应,同时建立了 Mn-Ni-Co-Sn 合金的相图。2012 年,现中国科学院宁波材料所刘剑研究员在德国固体和材料研究所（IFW Dresden）从事博士后研究工作时,研究了 Ni-Mn-In-(Co)合金在外加静压力以及不同磁场情况下的绝热温变,并对目前阻碍 Ni-Mn 基哈斯勒合金材料作为磁制冷工质所存在的问题进行了讨论,相关研究发表在 *Nature Materials* 上。

德国 2011 年 4 月启动的 DFG1599（Caloric Effects in Ferroic Materials: New Concepts for Cooling）计划,国内中国科学院系统多家研究单位、南京大学、上海大学、四川大学、哈尔滨工业大学、东北大学、北京科技大学、北京航空航天大学、西安交通大学等多家科研单位进行研究,取得了一系

列很有价值的研究成果（图 1.18）。中国科学院物理研究所"新型磁热效应材料的发现和相关科学问题研究"科研团队获得 2012 年度国家自然科学奖二等奖。

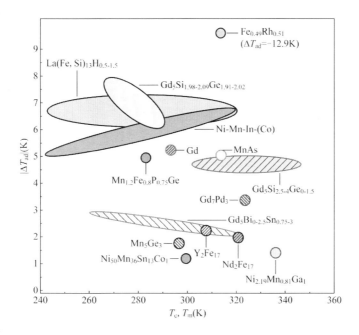

图 1.18 几种典型室温磁制冷材料绝热温变性能

Fig. 1.18 Typical adiabatic temperature change properties of room temperature magnetic refrigerant materials

1.6 本书的主要研究内容

本书分别采用磁控溅射和电弧熔炼、熔体快淬（Melt-Spun）方法制备 Ni-Mn-Ga 薄膜、薄带和 Ni-Mn-Sn 系列合金薄带等试样，并对薄膜、薄带的磁性能，以及磁性机理、强磁场及等静压影响等进行比较系统的研究。

由于目前对外延生长 Ni-Mn-Ga 磁性形状记忆合金薄膜的研究主要集中在薄膜的制备工艺及薄膜的成分、形貌、相变、力学性能和磁性能等方面。由于外延生长 Ni-Mn-Ga 薄膜存在强取向，常规的 XRD 很难获得足够的衍射信息解析其马氏体的晶体结构和晶格常数，从而无法将 Ni-Mn-Ga 薄膜中马氏体的晶体学取向和微观组织联系起来，Ni-Mn-Ga 薄膜中马氏体相变的晶体学研究也尚未开展。此外，外延生长 Ni-Mn-Ga 薄膜的磁致应变性能与薄膜中马氏体的晶体学取向和微观组织密切相关，而 MgO（100）基板上外延生长 Ni-Mn-Ga 薄膜中存在复杂的微观组织是其尚未获得大磁致应变的根本原因。利用方形四探针法结合振动样品磁强计电输运模块测量得到 Ni-Mn-Ga 薄膜中的反常霍尔效应，并对其机理进行分析，对于今后进一步揭示 Ni-Mn-Ga 薄膜中的反常霍尔效应的科研工作提供实验和理论上的基础。

研究基于 Ni-Mn-Sn 磁性形状记忆合金作为新型磁工质所必须克服的磁滞及相变温区狭窄问题，实现大制冷温度跨度和大等温磁熵变有机结合。Ni-Mn-Sn 铁磁形状记忆合金的磁学性质和 Mn-Mn 原子间距紧密相关。已有的实验和理论计算的结果表明，合金的磁性状态主要取决于晶格中近邻 Mn-Mn 原子间的磁性交换作用。采用不同离子替代、间隙位掺杂（B、C 或 N 等）等手段来调控此类合金，以达到调控相变温区、相变前后 ΔM、变磁性临界场等相变性质的目的。探索研究提高 Mn 含量，提供更多的 Mn 原子，提高 Mn 原子在实际晶格中更多占位的可能性，从而对样品的相变温度、相变剧烈程度、变磁性临界场等相变相关性质进行研究。结合目前已经进行的有关掺杂 Ti、Al、Co、Cu、Ge 等试验成果，进一步探索合理的大磁熵变小驱动磁场合金成分设计，同时提高该类合金室温塑性性能。

利用电弧熔炼甩带法制备了高织构哈斯勒合金 $Mn_{44.7}Ni_{43.5}Sn_{11.8}$ 薄带。XRD 图谱表明[400]晶体方向优先垂直于带状表面。由于富锰薄带中 Mn-Mn 距离与磁交换相互作用的强相关性，在室温附近，压力对马氏体相变温度的驱动速率 dT_{MS}/dP 达到了 20K/GPa。从而通过施加等静压使得磁制冷工作温度范围得到扩大。这一结果比许多镍锰基哈斯勒合金，甚至是成分相似的哈斯勒合金都要高得多。在我们之前对薄带的磁电阻研究中，磁晶各向异性是由晶体结构的取向引起的，这导致在 273K 的温度时畴壁位移或孪晶重定向冻结到一定角度。这一结果表明，在磁-结构耦合相变过程中，晶体结构的这种取向可能导致更大的磁熵变。另外，我们还研究了 50K 温度下热处理和等静压对薄带交换偏置（EB）的影响。

参考文献

[1] 杨亲民. 智能材料的研究与开发[J]. 功能材料, 1999(6): 575-581.

[2] 张玉红, 严彪. 形状记忆合金的发展[J]. 上海有色金属, 2012, 33(4): 192-195.

[3] 张欣. Ni-Mn-Ga-Gd 高温记忆合金的组织结构与形状记忆效应[D]. 哈尔滨: 哈尔滨工业大学, 2010.

[4] Livesey D W, Ridley N. Cavitation and cavity growth during superplastic flow in microduplex Cu-Zn-Ni alloys[J]. Metallurgical Transactions: A, 1982, 13(9): 1619-1626.

[5] Andrade M S, Osthues R M, Arruda G J. The influence of thermal cycling on the transition temperatures of a Fe-Mn-Si shape memory alloy[J]. Materials Science and Engineering : A, 2000, 273(99): 512-516.

[6] Kajiwara S, Liu D, Kikuchi T, et al. Remarkable improvement of shape memory effect in Fe-Mn-Si based shape memory alloys by producing NbC precipitates[J]. Scripta Materialia, 2001, 44(12): 2809-2814.

[7] 朱玉萍, 陈涛, 滕耀. 定向凝固铁磁形状记忆合金力-磁耦合各向异性特性研究[J]. 功能材料, 2017, 48(3): 3149-3153.

[8] 赵利青. Ni 基铁磁性形状记忆合金的结构、磁性及马氏体相变研究[D]. 天津: 河北工业大学, 2010.

[9] Z Q O, Carona L, Nguyen T T, Cam Thanh D T, Tegus O, Bruckb E. On the determination of the magnetic entropy change in materials with first-order transitions[J]. Journal of Magnetism and Magnetic Materials, 2009, 321(21): 3559-3566.

[10] Heczko O, Bradshaw V. Magnetic Domain Structure and Magnetically-Induced Reorientation in Ni-Mn-Ga Magnetic Shape Memory Alloy[J]. Acta Physica Polonica : A, 2017, 131(4): 1063-1065.

[11] Li Z B, Sanchez-Valdes C F, Llamazares J L S, et al. Magnetic-Field-Induced Isothermal Entropy Change Across the Magnetostructural Transition in Ni-Mn-Ga Melt-Spun Ribbons[J]. Ieee Transactions on Magnetics, 2015, 51(11).

[12] Heczko O, Vertat P, Vronka M, et al. Ni-Mn-Ga Single Crystal Exhibiting Multiple Magnetic Shape Memory Effects[J]. Shape Memory and Superelasticity, 2016, 2(3): 272-280.

[13] Wutting M, Craciunescu C, Li J. Phase Transformations in Ferromagnetic Ni-Mn-Ga Shape Memory Films[J]. Material Transactions, 2000, 41(8): 933-937.

[14] Ge Y. The crystal and magnetic microstructure of Ni-Mn-Ga alloys[D]. Helsinki: Helsinki University of Technology, 2007.

[15] Ge Y, Söderberg O, Lanska N, et al. Crystal structure of three Ni-Mn-Ga alloys in powder and bulk materials [J]. Journal of Physics, 2003 (112): 921-924.

[16] Inoue K, Enami K, Yamaguchi Y. Magnetic-field-induced martensitic transformation in Ni_2MnGa-based alloys [J]. Journal of the Physical Society of Japan, 2000 (69): 3485-3488.

[17] Webster P J, Ziebeck K R A, Town S L, Peak M S. Magnetic Order and Phase Transformation in Ni_2MnGa[J]. Philos. Mag. B., 1984, 49(3): 295-310.

[18] Okamoto N, Fukuda T, Kakeshita T. Temperature Dependence of Rearrangement of Martensite Variants by Magnetic Field in 10M, 14M and 2M Martensites of Ni-Mn-Ga alloys [J]. Material Science and Engineering: A, 2007(481-482): 306-309.

[19] Fritsch G, Kokorin V V, Kempet A. Soft Modes in Ni_2MnGa Single Crystals[J]. Physics Condensed Matter, 1994(6): 107-110.

[20] Pons J, Segui C, Chernenko V A, Cesari E, Ochin P, Portier R. Transformation and Ageing Behaviour of Melt-spun Ni-Mn-Ga shape memory alloys[C]. International Conference on Martensitic Transformations, S. C. de Bariloche, Argentina, 1998.

[21] Borgia C, Olliges S, Dietiker M. A combinatorial study on the influence of Cu addition, film thickness and heat treatment on phase composition, texture and mechanical properties of Ti-Ni shape memory alloy thin film[J]. Thin Solid Films, 2010(518): 1897-1913.

[22] Tsuchiya K, Nakamura H, Ohtoyo D, Nakayama H, Ohtsuka H, Umemoto M. Composition Dependence of Phase Transformations and Microstructures in Ni-Mn-Ga Ferromagnetic Shape Memory Alloys[C]. 2nd International Symposium on Designing, Processing and Properties of Advanced Engineering Materials, Guilin, China, 2000.

[23] Watanabe T, Tsurekawa S, Zhao X. Grain boundary engineering by magnetic field application[J]. Scripta. Materialia, 2006(54): 969-967.

[24] Zheludev A, Shapiro S M, Wocher P. Central Peak and Microstructure in Ni2MnGa [J]. Physics Review: B, 1995, 51(17): 11310-11314.

[25] Zheludev A, Shapiro S M, Wochner P, Tanner L E. Precursor Effects and Premartensitic Transformation in Ni$_2$MnGa[J] .Physcis Review: B, 1996, 54(21): 15045-15050.

[26] Manosa L, Carrillo L, Vives E, Obrado E, Gonzalez-Comas A, Planes A. Acoustic Emission at the Premartensitic and Martensitic Transitions of Ni$_2$MnGa Shape Memory Alloy[C]. Shape memory materials; Proceedings of the International Symposium and Exhibition on Shape Memory Materials(SMM'99), Kanazawa, Japan, 1999.

[27] Godlevsky V V, Rabe K M. Soft Tetragonal Distortion in Ferromagnetic Ni$_2$MnGa and Related Materials from First Principles[J]. Physics Review: B, 2001(63): 1344071-1344075.

[28] Righi L, Albertini F, Villa E, etal. Crystal structure of 7M modulated Ni-Mn-Ga martensitic phase [J]. Acta Mater., 2008, 56(16): 4529-4535.

[29] Righi L, Albertini F, Calestani G, et al. Incommensurate modulated structure of the ferromagnetic shape-memory Ni$_2$MnGa martensite [J]. J. Solid State Chem., 2006, 179(11): 3525-3533.

[30] Righi L, Albertini F, Pareti L, et al. Commensurate and incommensurate "5M" modulated crystal structures in Ni-Mn-Ga martensitic phases [J]. Acta Mater., 2007, 55(15): 5237-5245.

[31] Sutou Y, Imano Y, Koeda N, Omori T, Kainuma R, Ishida K, Oikawa K.Appl. Phys. Lett., 2004(85): 4358.

[32] Mohd Jani J, Leary M, Subic A, et al. A review of shape memory alloy research, applications and opportunities [J]. Mater. Design, 2014, 56(4): 1078-1113.

[33] Omori T, Watanabe K, Umetsu R Y, et al. Martensitic transformation and magnetic field-induced strain in Fe-Mn-Ga shape memory alloy [J]. Appl. Phys. Lett., 2009, 95(8): 082508.

[34] Faehler S. An introduction to actuation mechanisms of magnetic shape memory alloys [J]. ECS Transactions, 2007, 3(25): 155-163.

[35] Ullakko K, Huang J K, Kantner C, et al. Large magnetic-field-induced strains in Ni2MnGa single crystals [J]. Appl. Phys. Lett., 1996, 69(13): 1966-1968.

[36] Murray S J, Marioni M, Allen S M, et al. 6% magnetic-field-induced strain by twin-boundary motion in ferromagnetic Ni-Mn-Ga [J]. Appl. Phys. Lett., 2000, 77(6): 886-888.

[37] Sozinov A, Likhachev A A, Lanska N, et al. Giant magnetic-field-induced strain in NiMnGa seven-layered martensitic phase [J]. Appl. Phys. Lett., 2002, 80(10): 1746-1748.

[38] Sozinov A, Lanska N, Soroka A, et al. 12% magnetic field-induced strain in Ni-Mn-Ga-based non-modulated martensite [J]. Appl. Phys. Lett., 2013, 102(2): 021902.

[39] Karaca H, Karaman I, Basaran B, et al. Magnetic field and stress induced martensite reorientation in NiMnGa ferromagnetic shape memory alloy single crystals [J]. Acta Mater., 2006, 54(1): 233-245.

[40] Straka L, Heczko O. Magnetization changes in Ni-Mn-Ga magnetic shape memory single crystal during compressive stress reorientation [J]. Scr. Mater., 2006, 54(9): 1549-1552.

[41] Karaman I, Basaran B, Karaca H E, et al. Energy harvesting using martensite variant reorientation mechanism in a NiMnGa magnetic shape memory alloy [J]. Appl. Phys. Lett., 2007, 90(17): 172505.

[42] Thomas M, Heczko O, Buschbeck J, et al. Magnetically induced reorientation of martensite variants in constrained epitaxial Ni-Mn-Ga films grown on MgO(001)[J]. New J. Phys., 2008, 10(2): 023040.

[43] Zeng M, Or S W, Zhu Z, et al. Twin-variant reorientation-induced large magnetoresistance effect in $Ni_{50}Mn_{29}Ga_{21}$ single crystal [J]. J. Appl. Phys., 2010, 108(5): 053716.

[44] Szczerba M J, Szczerba M S. Transformation of dislocations during twin variant reorientation in Ni–Mn–Ga martensite structures [J]. Scr. Mater., 2012, 66(1): 29-32.

[45] Ranzieri P, Campanini M, Fabbrici S, et al. Achieving giant magnetically induced reorientation of martensitic variants in magnetic shape-memory Ni-Mn-Ga films by microstructure engineering [J]. Adv. Mater., 2015, (32)27: 4760-4766.

[46] Likhachev A A, Ullakko K. Magnetic-field-controlled twin boundaries motion and giant magneto-mechanical effects in Ni-Mn-Ga shape memory alloy [J]. Phys. Lett.: A, 2000, 275(1-2): 142-151.

[47] Perez-Landazabal J I, Recarte V, Sanchez-Alarcos V, et al. Magnetic field induced martensitic transformation linked to the arrested austenite in a Ni-Mn-In-Co shape memory alloy [J]. J. Appl. Phys., 2011, 109(9): 093515.

[48] Liu J, Gottschall T, Skokov K P, et al. Giant magnetocaloric effect driven by structural transitions [J]. Nat. Mater., 2012, 11(7): 620-626.

[49] Kainuma R, Imano Y, Ito W, et al. Magnetic-field-induced shape recovery by reverse phase transformation [J]. Nature, 2006, 439(7079): 957-960.

[50] Bhattacharya K, James R D. A theory of thin films of martensitic materials with applications to microactuators [J]. J. Mech. Phys. Solids, 1999, 47(3): 531-576.

[51] Dunand D C, Müllner P. Size effects on magnetic actuation in Ni-Mn-Ga shape-memory alloys [J]. Adv. Mater., 2011, 23(2): 216-232.

[52] Khelfaoui F, Kohl M, Buschbeck J, et al. A fabrication technology for epitaxial Ni-Mn-Ga microactuators [J]. Euro. Phys. J. Special Topics, 2008, 158(1): 167-172.

[53] Backen A, Yeduru S R, Diestel A, et al. Epitaxial Ni-Mn-Ga films for magnetic shape memory alloy microactuators [J]. Adv. Eng. Mater., 2012, 14(8): 696-709.

[54] Laptev A, Lebecki K, Welker G, et al. Origin of steps in magnetization loops of martensitic Ni-Mn-Ga films on MgO(001)[J]. Appl. Phys. Lett., 2016, 109(13): 132405.

[55] Yin R, Wendler F, Krevet B, et al. A magnetic shape memory microactuator with intrinsic position sensing [J]. Sensor. Actuator. A-Phys., 2016, 246: 48-57.

[56] Pagounis E, Laptev A, Jungwirth J, et al. Magnetomechanical properties of a high-temperature Ni-Mn-Ga magnetic shape memory actuator material [J]. Scr. Mater., 2014, 88(10): 17-20.

[57] Auernhammer D, Kohl M, Krevet B, et al. Intrinsic position sensing of a Ni-Mn-Ga microactuator [J]. Smart Mater. Struct., 2009, 18(10): 104016.

[58] Kohl M, Krevet B, Yeduru S R, et al. A novel foil actuator using the magnetic shape memory effect [J]. Smart Mater. Struct., 2011, 20(9): 094009.

[59] Wilson S A, Jourdain R P J, Zhang Q, et al. New materials for micro-scale sensors and actuators: An engineering review [J]. Mater. Sci. Eng. R, 2007, 56(1-6): 1-129.

[60] Tickle R. Ferromagnetic Shape Memory Materials [D]. University of Minnesota, 2000.

[61] Cesari E, Pons J, Santamarta R, et al. Ferromagnetic shape memory alloys: an overview [J]. Arch. Metall. Mater., 2004, 49(4): 779-789.

[62] Okamoto N, Fukuda T, Kakeshita T. Temperature dependence of rearrangement of martensite variants by magnetic field in 10M, 14M and 2M martensites of Ni-Mn-Ga alloys [J]. Mater. Sci. Eng. A, 2008 (481-482): 306-309.

[63] Chulist R, Pagounis E, Böhm A, et al. Twin boundaries in trained 10M Ni-Mn-Ga single crystals [J]. Scr. Mater., 2012, 67(4): 364-367.

[64] 王中林, 康振川. 功能与智能材料 [M]. 北京: 科学出版社, 2002: 1-483.

[65] Eichhorn T, Hausmanns R, Jakob G. Microstructure of freestanding single-crystalline Ni_2MnGa thin films [J]. Acta Mater., 2011, 59(13): 5067-5703.

[66] Heczko O, Thomas M, Niemann R, et al. Magnetically induced martensite transition in freestanding epitaxial Ni-Mn-Ga films [J]. Appl. Phys. Lett., 2009, 94(15): 152513.

[67] Sharma A, Mohan S, Suwas S. Development of bi-axial preferred orientation in epitaxial NiMnGa thin films and its consequence on magnetic properties [J]. Acta Mater., 2016(113): 259-271.

[68] Sharma A, Mohan S, Suwas S. Structural, microstructural and magnetic investigations on the epitaxially grown Ni_2MnGa(010)films on MgO(100)substrate [J]. Intermetallics, 2016(77): 6-13.

[69] Aseguinolaza I R, Golub V, Salyuk O Y, et al. Self-patterning of epitaxial Ni-Mn-Ga/ MgO(001)thin films [J]. Acta Mater., 2016(111): 194-201.

[70] Teichert N, Auge A, Yüzüak E, et al. Influence of film thickness and composition on the martensitic transformation in epitaxial Ni-Mn-Sn thin films [J]. Acta Mater., 2015(86): 279-285.

[71] Schubert M, Schaefer H, Mayer J, et al. Collective modes and structural modulation in Ni-Mn-Ga(Co)martensite thin films probed by femtosecond spectroscopy and scanning tunneling microscopy [J]. Phys. Rev. Lett., 2015, 115(7): 076402.

[72] L'Vov V A, Golub V, Salyuk O, et al. Transformation volume effect on the magnetic anisotropy of Ni-Mn-Ga thin films [J]. J. Appl. Phys., 2015, 117(3): 033901.

[73] Kumar S V, Singh R K, Seenithurai S, et al. Phase structure and magnetic properties of the annealed Mn-rich Ni-Mn-Ga ferromagnetic shape memory thin films [J]. Mater. Res. Bull., 2015, 61(4): 95-100.

[74] Gueltig M, Ossmer H, Ohtsuka M, et al. Thermomagnetic actuation by low hysteresis metamagnetic Ni-Co-Mn-In films [J]. Mater. Today: Proceedings, 2015, 2, Supplement 3: S883-S886.

[75] Kumar S V, Seenithurai S, Raja M M, et al. Structural and magnetic properties of sputter-deposited polycrystalline Ni-Mn-Ga ferromagnetic shape-memory thin films [J]. J. Electron. Mater., 2015, 44(10): 3761-3767.

[76] Wang H B, Liu C, Lei Y C, et al. Characterization of $Ni_{55.6}Mn_{11.4}Fe_{7.4}Ga_{25.6}$ high temperature shape memory alloy thin film [J]. J. Alloy. Compd., 2008, 465(1-2): 458-461.

[77] Golub V, Reddy K M, Chernenko V, et al. Ferromagnetic resonance properties and anisotropy of Ni-Mn-Ga thin films of different thicknesses deposited on Si substrate [J]. J. Appl. Phys., 2009, 105(7): 07A942.

[78] Volodymyr A C, Manfred K, Victor A L, et al. Martensitic transformation and microstructure of sputter-deposited Ni-Mn-Ga films [J]. Mater. Trans. JIM, 2006, 47(3): 619-614.

[79] Hakola A, Heczko O, Jaakkola A, et al. Pulsed laser deposition of NiMnGa thin films on silicon [J]. Appl. Phys.: A, 2004, 79(4-6): 1505-1508.

[80] Dong J W, Chen L C, Palmstrom C J, et al. Molecular beam epitaxy growth of ferromagnetic single crystal(001)Ni_2MnGa on(001)GaAs [J]. Appl. Phys. Lett., 1999, 75(10): 1443-1445.

[81] Thomas M, Heczko O, Buschbeck J, et al. Stress induced martensite in epitaxial Ni-Mn-Ga films deposited on MgO(001)[J]. Appl. Phys. Lett., 2008, 92(19): 192515.

[82] Backen A, Yeduru S R, Kohl M, et al. Comparing properties of substrate-constrained and freestanding epitaxial Ni-Mn-Ga films [J]. Acta Mater., 2010, 58(9): 3415-3421.

[83] Heczko O, Thomas M, Buschbeck J, et al. Epitaxial Ni-Mn-Ga films deposited on $SrTiO_3$ and evidence of magnetically induced reorientation of martensitic variants at room temperature [J]. Appl. Phys. Lett., 2008, 92(7): 072502.

[84] Doyle S, Chernenko V A, Besseghini S, et al. Residual stress in Ni-Mn-Ga thin films deposited on different substrates [J]. Eur. Phy. J. Special Topics, 2008, 158(1): 99-105.

[85] Besseghini S, Gambardella A, Chernenko V A, et al. Transformation behavior of Ni-Mn-Ga/Si(100)thin film composites with different film thicknesses [J]. Eur. Phy. J. Special Topics, 2008, 158(1): 179-185.

[86] Tillier J, Bourgault D, Barbara B, et al. Fabrication and characterization of a Ni-Mn-Ga uniaxially textured freestanding film deposited by DC magnetron sputtering[J]. J. Alloy. Compd., 2010, 489(2): 509-514.

[87] Luo Y, Leicht P, Laptev A, et al. Effects of film thickness and composition on the structure and martensitic transition of epitaxial off-stoichiometric Ni-Mn-Ga magnetic shape memory films[J]. New J. Phys., 2011, 13(1): 013042.

[88] Hakola A, Heczko O, Jaakkola A, et al. Ni-Mn-Ga films on Si, GaAs and Ni–Mn–Ga single crystals by pulsed laser deposition [J]. Appl. Surf. Sci., 2004, 238(1-4): 155-158.

[89] Chernenko V A, Anton R L, Kohl M, et al. Structural and magnetic characterization of martensitic Ni-Mn-Ga thin films deposited on Mo foil[J]. Acta Mater., 2006, 54(20): 5461-5467.

[90] Xie R, Tang S L, Tang Y M, et al. Transformation behaviors, structural and magnetic characteristics of Ni-Mn-Ga films on MgO(001)[J]. Chin. Phys.: B, 2013, 22(10): 107502.

[91] Ranzieri P, Fabbrici S, Nasi L, et al. Epitaxial Ni-Mn-Ga/MgO(100)thin films ranging in thickness from 10 to 100nm [J]. Acta Mater., 2013, 61(1): 263-272.

[92] Chernenko V A, Golub V, Barandiarán J M, et al. Magnetic anisotropies in Ni-Mn-Ga films on MgO(001)substrates [J]. Appl. Phys. Lett., 2010, 96(4): 042502.

[93] Besseghini S, Cavallin T, Chernenko V, et al. Variation of atomic spacing and thermomechanical properties in Ni-Mn-Ga/alumina film composites [J]. Acta Mater., 2008, 56(8): 1797-1801.

[94] Aseguinolaza I R, Orue I, Svalov A V, et al. Martensitic transformation in Ni-Mn-Ga/Si(100)thin films [J]. Thin Solid Films, 2014, 558(17): 449-454.

[95] Dong J W, Chen L C, Xie J Q, et al. Epitaxial growth of ferromagnetic Ni[sub 2] MnGa on GaAs(001)using NiGa interlayers [J]. J. Appl. Phys., 2000, 88(12): 7357-7359.

[96] Kaufmann S, Niemann R, Thersleff T, et al. Modulated martensite: why it forms and why it deforms easily [J]. New J. Phys., 2011, 13(5): 053029.

[97] Backen A, Kauffmann-Weiss S, Behler C, et al. Mesoscopic twin boundaries in epitaxial Ni-Mn-Ga films [J]. Physics, 2013: 1-17.

[98] Leicht P, Laptev A, Fonin M, et al. Microstructure and atomic configuration of the(001)-oriented surface of epitaxial Ni-Mn-Ga thin films [J]. New J. Phys., 2011, 13(3): 033021.

[99] Castano F J, Nelson-Cheeseman B, O'Handley R C, et al. Structure and thermomagnetic properties of polycrystalline Ni-Mn-Ga thin films [J]. J. Appl. Phys., 2003, 93(10): 8492-8494.

[100] Tillier J, Bourgault D, Pairis S, et al. Martensite structures and twinning in substrate-constrained epitaxial Ni-Mn-Ga films deposited by a magnetron co-sputtering process [J]. Physics Procedia, 2010, 10(12): 168-173.

[101] Kohl M, Agarwal A, Chernenko V, et al. Shape memory effect and magnetostriction in

polycrystalline Ni-Mn-Ga thin film microactuators [J]. Mater. Sci. Eng.: A, 2006, 438(1): 940-943.

[102] Kohl M, Brugger D, Ohtsuka M, et al. A novel actuation mechanism on the basis of ferromagnetic SMA thin films [J]. Sensor. Actuator. Phy.: A, 2004, 114(2-3): 445-450.

[103] Han D Z, Wang D H, Zhang C L. Low-field inverse magnetocalaoric effect in $Ni_{50-x}Mn_{39+x}Sn_{11}$Hesler alloys [J]. Applied Physics Letters, 2007(90): 042507.

[104] 林志平, 王大伟, 李山东, 等. $Ni_{44}Mn_{45}Sn_{11}$ 薄膜磁熵变性能研究[R]. 全国磁热效应材料和磁制冷技术学术研讨会, 2009.

[105] Modak R, Deka B, Raja M M, et al. Singnificant room temperature magneto-caloric effect in Ni-Mn-Sn thin films [J]. Advanced Science Letters, 2016(22): 26-29.

[106] Yuzuak E, Dincer I, Elerman Y, et al. Inverse magnetocaloric effect of epitaxial Ni-Mn-Sn thin films [J]. Applied Physics Letters, 2013, 103(22): 222403.

[107] Modak R, Raja M, Srinivasan A. Enhanced magneto-caloric effect upon Co substitution in Ni-Mn-Sn thin films[J]. Journal of Magnetism and Magnetic Materials, 2018, 15(48): 146-152.

[108] Vishnoi R, Kaur D. Structural and magnetic properties of magnetron sputtered Ni-Mn-Sn ferromagnetic shape memory alloy thin films [J]. Journal of Applied Physics, 2010, 107(10): 1966.

[109] Vishnoi R, Singhal R, Kaur D, et al. Thickness dependent phase transformation of magnetron-sputtered Ni-Mn-Sn ferromagnetic shape memory alloy thin films [J]. Journal of Nanoparticle Research, 2011, 13: 3975-3990.

[110] Teichert N, Auge A, Yzak E, et al. Influence of film thickness and composition on the martensitic transformation in epitaxial Ni-Mn-Sn thin films [J]. Acta Materialia, 2015(86): 279-285.

[111] Dubowik J, Szlaferek A, Goscianska I. Martensitic transformation and magnetic properties of Ni-Mn-Sn Heusler alloy films [J]. Acta PhysicaPolonica, 2008, 113(1): 1903-1911..

[112] Choudhary N, Kaur D. Effect of Ti addition on the structural, mechanical and damping properties of magnetron sputtered Ni-Mn-Sn ferromagnetic shape memory alloy thin films [J]. Journal of Physics D Applied Physics, 2012, 45(49): 495304.

[113] Machavarapu R, Jakob G. Investigations on Ni-Co-Mn-Sn thin films: Effect of substrate temperature and Ar gas pressure on the martensitic transformations and exchange bias properties [J]. Aip Advances, 2015, 5(3): 1413.

[114] Wang Z H, Guo E J, Tan C L, et al. Crystallization kinetics of $Ni_{51}Mn_{36}Sn_{13}$ free-standing alloy thin films [J]. Vacuum, 2016(130): 124-129.

[115] Pecharsky V K, Gschneidner K A. Magnetocaloric effect and magnetic refrigeration [J]. Magn. Magn. Mater., 1999, 200(1-3): 44-46.

[116] 李晓慧, 吴卫, 黄彩霞, 董晓兰.室温磁制冷材料的成型工艺研究[J].低温与特气, 200624(5): 6-10.

[117] 都有为, 等.高温磁致冷工质的新进展[J].物理, 1997, 26(7): 385-343.

[118] Huang H, Guo Z B, et al. Large magnetic entropy change in $La_{0.67-x}Gd_xCa_{0.33}MnO_3$[J]. Magn. Mater., 1997(173): 302-304.

[119] Pecharsky V K, Jr Gschneidner K A. Tunable magnetic regenerator alloys with a giant magnetocaloric effet for magnetic refrigeration from −20 to −290K[J]. Appl. Phys. Lett., 1997, 70(24): 3299-3301.

[120] Han Z D, Wang D H, Zhang C L, Xuan H C, Gu B X, Du Y W. Low-field inverse magnetocaloric effect in $Ni_{50-x}Mn_{39+x}Sn_{11}$ Heusler alloys [J]. Appl. Phys. Lett., 2007(90): 042507.

[121] Guo Z B, Du Y W, Zhu J S, Huang H, Ding W P, Feng D. Large magnetic entropy change in perovskite-type manganese oxides [J].Phy. Rev. Lett., 1997(78): 1142.

[122] Bohigas X. Tunable magnetocaloric effect in ceramic perovskites[J]. Appl. Phys. Lett., 1998(73): 390.

[123] Pecharsky V K, Gschneidner K A. Giant magnetocaloric effect in Gd-5(Si_2Ge_2)[J]. Phy. Rev. Lett., 1997(78): 4494.

[124] Fujieda S, Fujita A and Fukamichi K. Large magnetocaloric effect in $La(Fe_xSi_{1-x})_{(13)}$ itinerant-electron metamagnetic compounds[J]. Appl. Phys. Lett., 2002(81): 1276.

[125] Tegus O, Bruck E, Buschow K H J, De Boer F R. Transition-metal-based magnetic refrigerants for room-temperature applications[J]. Nature, 2002(415): 150.

[126] Sutou Y, Imano Y, Koeda N, Omori T, Kainuma R, Ishida K, Oikawa K. Magnetic and martensitic transformations of NiMnX(X=In, Sn, Sb)ferromagnetic shape memory alloys[J].

Appl. Phys. Lett., 2004(85): 4358.

[127] Krenke T, Acet M, Wassermann E F, Moya X, Mañosa L, Planes A. Martensitic transitions and the nature of ferromagnetism in the austenitic and martensitic states of Ni-Mn-Sn alloys[J]. Phys. Rev.: B, 2005(72): 014412.

[128] Krenke T, Duman E, Acet M, Wassermann E F, Moya X, Manosa L, Planes A. Inverse magnetocaloric effect in ferromagnetic Ni-Mn-Sn alloys[J]. Nat. Mater., 2005(4): 450.

[129] Zhang H, Sun Y J, Niu E, Hu F X, Sun J R, Shen B G. Enhanced mechanical properties and large magnetocaloric effects in bonded La(Fe, Si)$_{13}$-based magnetic refrigeration materials[J]. Appl. Phys. Lett., 2014(104): 062407.

[130] Li J, Numazawa T, Matsumoto K, Yanagisawa Y, Nakagome H. Comparison of different regenerator geometries for AMR system[C]. AIP Conf. roc., 2014(548): 1573.

[131] Kainuma R, Imano Y, Ito W, Sutou Y, Morito H, Okamoto S, Kitakami O, Oikawa K, Fujita A, Kanomota T, Ishida K. Magnetic-field-induced shape recovery by reverse phase transformation[J]. Nature, 2006(439): 957.

[132] Cong D Y, Roth S, Schultz L. Magnetic properties and structural transformations in Ni-Co-Mn-Sn multifunctional alloys[J]. Acta Mater., 2012(60): 5335.

[133] Bhatti K P, El-Khatib S, Srivastava V, James R D, Leighton C. Small-angle neutron scattering study of magnetic ordering and inhomogeneity across the martensitic phase transformation in $Ni_{50-x}Co_xMn_{40}Sn_{10}$ alloys[J]. Phys. Rev.: B, 2012(85): 134450.

[134] Kainuma R, Ito W, Umetsu R Y, Oikawa K, Ishida K. Magnetic field-induced reverse transformation in -type NiCoMnAl shape memory alloys[J]. Appl. Phys. Lett., 2008(93): 091906.

[135] Sokolovskiy V V, Buchelnikov V D, Zagrebin M A, Entel P, Sahool S, Ogura M. First-principles investigation of chemical and structural disorder in magnetic NiMnSn Heusler alloys[J]. Phys. Rev.: B, 2012(86): 134418.

[136] Sánchez Llamazares J L, Sanchez T, Santos J D, Pérez M J, Sanchez M L, Hernando B, Escoda L, Suñol J J, Varga R. Martensitic phase transformation in rapidly solidified $Mn_{50}Ni_{40}In_{10}$ alloy ribbons[J]. Appl. Phys. Lett., 2008(92): 012513.

[137] Wu Z G, Liu Z H, Yang H, Liu Y N, Wu G H. Metamagnetic phase transformation in $Mn_{50}Ni_{37}In_{10}Co_3$ polycrystalline alloy[J]. Appl. Phys. Lett., 2011(98): 061904.

[138] Mañosa L, González-Alonso D, Planes A, et al. Giant solid-state barocaloric effect in the Ni-Mn-In magnetic shape-memory alloy[J]. Nature materials, 2010, 9(6): 478.

[139] Han Z D, Chen J, Qian B, Zhang P, Wang D H, Du Y W. Phase diagram and magnetocaloric effect in $Mn_2Ni_{1.64-x}Co_xSn_{0.36}$ alloys[J]. Scr. Mater., 2012(66): 121.

[140] Liu J, Gottschall T, Skokov K P, Moore J D, Gutfleisch O. Giant magnetocaloric effect driven by structural transitions[J]. Nature Materials, 2012, 11(7): 620.

第 2 章

试样制备及测试方法

2.1 样品制备

2.1.1 合金熔炼制备

本书中 Ni-Mn 基铁磁形状记忆合金将采用真空电弧炉熔炼的方法获得。将高纯度（≥99.9%）的金属原材料按一定比例称量后放置在水冷铜坩埚内，抽真空后进行电弧熔炼，为进一步获得均匀的合金，还要将铸锭翻转，反复熔炼 3~4 次。在熔炼过程中，为减少元素的挥发（如 Mn），应尽量使用小电流。当制备样品中含有易挥发的元素时，需要考虑适当地增加配料含量以保证相的纯度。

为了保证获得的相的纯度以及消除内应力，一般要将熔炼得到的样品密封于石英管中，石英管先抽真空，然后充入适量 Ar 气，最后将石英管放入高温炉中，在一定的温度下退火一段时间后将其迅速放入冷水中淬火。薄膜及薄带试样热处理采用 FJL560Ⅱ型超高真空磁控与离子束联合溅射设备，在磁控室进行薄膜制备。在离子束室除采用离子束进行镀膜外，还可以进行热处理，真空度可达到 5.0×10^{-5} Pa，最高温度可以达到 1273K。

利用靶材制备尾料进行熔体快淬薄带的制备。制备薄型快速冷凝带材的方法是单辊法（Single Roller），又称熔体甩带法（Melt Spinning），即采用高速旋转的激冷 Cu 辊，并通以 Ar 气作保护气氛，将合金液流铺展成液膜并在急冷作用下实现快速凝固。在试验中采用沈阳市科友真空技术有限公司的 GDJ500C 型高真空甩带机及纽扣炉设备，利用单辊法不同带速制备薄带。

FJL560Ⅱ型超高真空磁控与离子束联合溅射设备具备磁控与离子束双室，离子束室除采用离子束进行镀膜外，还可进行热处理，真空度可达 2.0×10^{-5}Pa，最高温度可以达到 1273K（图 2.1）。试验中分别对薄膜和薄带进行 873K、973K、1073K，1h 热处理，促进样品晶化。

图 2.1　磁控溅射、电弧熔炼及熔体快淬设备

Fig. 2.1　Magnetron sputtering, arc melting and melt quenching equipment

2.1.2　薄膜、薄带制备

磁控溅射的工作原理如图 2.2 所示，首先将溅射腔体抽成真空，然后通入高纯 Ar 气。在基板与靶材之间施加电压，电子 e^- 在电场 E 的作用下在加速飞向基板的过程中与腔体内的 Ar 原子发生碰撞，电离产生 Ar^+ 及新的电子 e_1^-。电子继续飞向基板，而 Ar^+ 在电场的作用下则会加速轰击靶材，电离出大量的靶材原子，呈中性的靶材原子或分子沉积在基板上形成薄膜，而溅射出的电子在磁场洛伦兹力的作用下，被束缚在靠近靶材表面的高能区，能够使 Ar 原子继续发生电离，从而形成更多的 Ar^+ 轰击靶材表面，因而能够实现快速、高

效的制膜工艺。

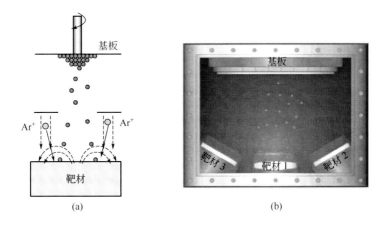

图 2.2　三靶磁控溅射过程

Fig.2.2　(a) Schematic ; (b) structure diagram of magnetron sputtering (three targets)

（a）工作原理示意图；（b）结构示意图

2.2　测试方法

2.2.1　物相结构分析

X 射线衍射是研究物质相组成、晶体结构类型和相关参数的重要方法，被广泛应用于结构分析中。其基本原理是用一束高速电子轰击金属靶（如 Cu 靶），高能电子使靶原子中的内壳层电子（如 k 层）激发，处在外层的电子便会跃迁到该轨道，同时辐射出特征 X 射线，经过滤波并准直的 X 射线照在样品上，发生衍射。根据布拉格定律，当满足 $2d\sin\theta=n\lambda$ 时，由于干涉效应，衍射加强，即相应衍射面的衍射强度增加，从而决定该衍射面的衍射峰位。布拉格公式中的 d 表示衍射面之间的间距；θ 表示 X 射线入射方向和衍射面法线之间的夹角；λ 为 X 射线的波长，n 表示衍射级数。X 射线衍射强度随着级数的增加而迅速衰减，一般采用的都是第一级衍射。

在粉末样品中，各个晶面的取向是完全随机的，无论入射光来自哪个方向，都能使所有的晶面同时满足布拉格衍射条件，从而产生较强的衍射光，只不过不同晶面产生的衍射最强光的出射角度不同罢了。粉末 X 射线衍射法被广泛用于多晶体的结构分析。根据被测样品的衍射结果，可以分析其相结构；当相结构确定后，联系密勒指数（h k l）就可以计算出相应的晶格常数。

另外，利用 X 射线衍射还可以粗略估算样品的晶粒尺寸。衍射峰的半高宽 β 和晶粒在相应衍射面法线方向的平均尺寸 D_{hkl} 满足谢乐（Scherrer）公式：

$$D_{hkl} = \frac{K\lambda}{\beta \cos\theta} \tag{2.1}$$

式中，K 为 Scherrer 常数；θ 表示衍射峰的位置；λ 为 X 射线的波长。若忽略晶格畸变和仪器宽化，可以直接用 Scherrer 公式估算样品的晶粒度。

在测试中采用荷兰 PANalytica X' PERT PRO SUPER X 射线衍射仪（XRD）对合金及薄带进行室温下的晶体结构确定（图 2.3）。射线源为 Cu Kα 靶，管电压 40kV，管流 40mA。

图 2.3　X 射线衍射仪

Fig.2.3　X-ray diffractometer

2.2.2　扫描电子显微镜

扫描电子显微镜（Scanning Electron Microscope，SEM）是一种观察样品表面形貌的实验仪器（图 2.4）。其工作原理如图 2.5 所示。

试样采用 Hitachi S-4800 场发射扫描电子显微镜（FE-SEM）进行表面形貌

和截面形貌的观察。加速电压 0.5～30kV，放大倍率 30～800000 倍。利用电镜自带的 Thermo System 7 EDX 能谱仪（EDS）对 Ni-Mn 基合金薄膜、薄带进行成分测定，为提高成分的精度而选取多个区域进行测试，求其平均值。然后，根据薄膜的化学成分，计算薄膜的价电子浓度，分析它们的变化情况。对合金成分进行分析。

图 2.4 日立 S-4800 扫描电子显微镜

Fig 2.4 Hitachi S-4800scanning electron microscope

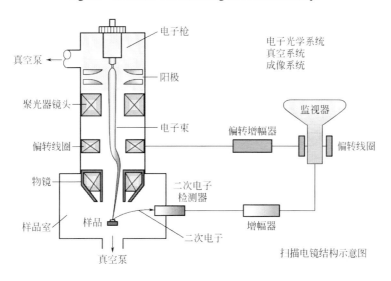

图 2.5 扫描电子显微镜的测试原理

Fig 2.5　Schematic of the scanning electron microscope

2.2.3　原子力显微镜

原子力显微镜（Atomic Force Microscope，AFM）是一种利用针尖和样品表面原子、分子间的相互作用力来观察样品表面微观形貌的实验技术。

实验采用 Agilent S-5420 原子力显微镜观察薄膜的表面形貌，比较薄膜表面的颗粒尺寸，并且计算薄膜表面的均方根粗糙度，同时分析薄膜的生长情况。扫描范围 10μm×10μm。

薄膜表面的均方根粗糙度是原子力显微镜自动计算的，其计算公式为

$$Sq = \sqrt{\frac{1}{A}\iint_A Z^2(x,y)\mathrm{d}x\mathrm{d}y} \qquad (2.2)$$

式中，A 是测试区域的面积；$Z(x,y)$ 是反映测试区域表面起伏的函数。

实验中薄膜厚度采用触针法，又称台阶法测量薄膜的厚度。它的工作原理是利用极细的金刚石探针在薄膜表面上运动，薄膜表面的凹凸不平使得探针在垂直膜表面方向上运动，运动的位移经过一系列的转换处理最终以轮廓线的形式表现出来。本实验利用美国维易科公司（Veeco）生产的 Dektak 150 型台阶仪进行薄膜厚度的测量。

2.2.4　差热分析仪

差示扫描量热法（DSC）是在处于程序控制的温度下，观察样品和参比物之间的热流差随温度或时间的函数。DSC 技术广泛应用于塑料、橡胶、涂料、食品、医药、生物有机体、无机材料、金属材料与复合材料等领域。

采用 TA 公司的 DSC-Q100 差热分析仪进行相变温度的测试，升温、降温速率为 5K/min，样品质量为 5～10mg。在热分析 DSC 曲线上用切线法确定马氏体相变开始与结束温度（M_s 和 M_f）和逆马氏体相变开始与结束温度（A_s 和 A_f）。

2.2.5　扫描探针显微镜

扫描探针显微镜（Scanning Probe Microscope，SPM）是扫描隧道显微镜及

在扫描隧道显微镜的基础上发展起来的各种新型探针显微镜（原子力显微镜 AFM，激光力显微镜 LFM，磁力显微镜 MFM 等）的统称。图 2.6 是 AFM 的测试原理图，图 2.7 是 MFM 的测试原理图。

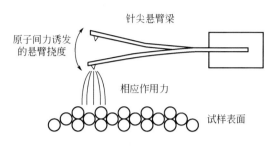

图 2.6　AFM 的测试原理

Fig. 2.6　Test schematic of AFM

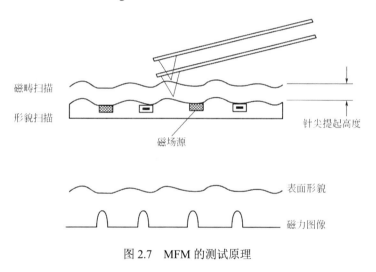

图 2.7　MFM 的测试原理

Fig. 2.7　Test schematic of MFM

实验采用 Digital Instruments 扫描探针显微镜（Veeco Nano V SPM）进行薄膜、薄带样品的形貌及磁畴原位观察（图 2.8）。扫描范围 80μm×80μm。

2.2.6　多功能振动样品磁强计

振动样品磁强计（Vibrating Sample Magnetometer，VSM）是基于电磁感应原理制成的，用于磁性材料性能检测的一种仪器，如图 2.9 所示。其测量原理就是将一个小尺度的被磁化了的样品视为磁偶极子，磁偶极子在振动装置驱动下作等幅振动,利用电子系统测量上述磁偶极子场中的检测线圈中的感生电压,再根据已知的感生电压和磁矩关系求出被测磁矩大小。

图 2.8　Digital Instruments 扫描探针显微镜（Veeco Nano V SPM）

Fig. 2.8　Digital Instruments (Veeco Nano V SPM)

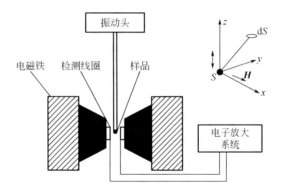

图 2.9　VSM 结构示意图

Fig. 2.9　Schematic diagram of VSM

小尺寸样品在磁场中磁化后可以近似看成一个磁矩为 m 的磁偶极子,该磁偶极子在空间任一点 r 产生的磁场为

$$H(r)=-\frac{1}{4\pi}\left[\frac{m}{r^3}-\frac{(m\cdot r)\cdot r}{r^5}\right] \qquad (2.3)$$

那么通过 N 匝截面积为 S 的探测线圈的磁通量为

$$\phi=\sum_N\int_S B(r)\cdot \mathrm{d}S=\mu\sum_N\int_S H(r)\cdot \mathrm{d}S \qquad (2.4)$$

当样品作 $Z = ae^{i\omega t}$ 的简谐振动时，线圈两端由于电磁感应产生的感生电动势为

$$\varepsilon = -\frac{\partial \phi}{\partial t} = -\mu \sum_N \int_S \frac{\partial \boldsymbol{H}}{\partial t} \cdot \mathrm{d}S = -\varpi \sum_N \int_S \nabla \cdot \boldsymbol{H} \frac{\partial \boldsymbol{r}}{\partial t} \cdot \mathrm{d}S \quad (2\text{-}5)$$

其中，$\boldsymbol{r} = x\boldsymbol{i} + y\boldsymbol{i} + (z + ae^{i\omega t})\boldsymbol{k}$。

从式（2.5）可以看出，当样品作固定的简谐振动，那么测量探测线圈中就会产生感生电动势，通过测量感应电动势就可以求得样品的磁化强度；当外磁场（或样品所处环境的温度）改变，就可以得到样品的磁化强度随外磁场（温度）的变化规律，从而得到样品的磁化曲线、磁滞回线及热磁曲线等。

本测试中采用的 VersaLab 是 Quantum Design 公司特别设计的采用超导磁体集直流磁测量、电输运和热输运测量功能于一身的多功能振动样品磁强计 VSM 进行磁性能及相变温度的测试（图 2.10）。温度范围为 50～400K；磁场为 ±3T；噪声基为 6×10^{-7}emu。

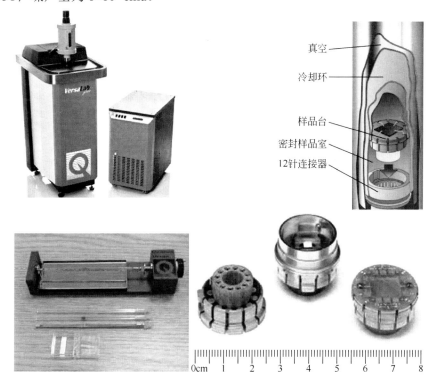

图 2.10 Quantum Design VersaLab 测试系统及附件

Fig. 2.10 Quantum Design VersaLab Test System and Accessories

2.2.7 电阻率及磁电阻测试

电阻率是用来表示各种物质电阻特性的物理量。某种材料制成的长 1m、横截面积是 $1mm^2$ 的在常温下（20℃时）导线的电阻，叫作这种材料的电阻率。电阻率的常用单位是欧姆·毫米（Ω·mm）和欧姆·米（Ω·m）。

磁性材料通常在磁场下有着特殊的电子输运特性。输运性质的测量表现在电阻率和磁电阻的测量两个方面。所谓磁电阻效应，就是在施加直流外磁场时，材料的电阻因之而发生变化。用来测量电阻率的样品被切割成长方体，样品表面被磨平并清洗干净。为了消除接触电势的影响，如图 2.11 所示，采用标准的直流四端法测量，底座图将四个电极压在样品表面。外侧两个电极接恒流源，内侧两个电极接纳伏表来测量所得的电压，通 $R=\dfrac{U}{I}$ 计算测得样品的电阻。利用公式 $\rho=\dfrac{RS}{L}$ 即可求得样品的电阻率 ρ，其中，$S=Wt$，S 为试样横截面积；L 为长度。试样厚度采用 SEM 进行截面测试获取。

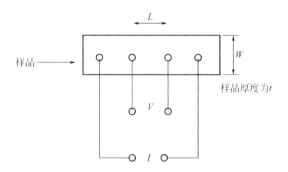

图 2.11 四端法电阻测试原理

Fig 2.11 Four-wire resistance test schematic

在变化的外磁场作用下，即可测得电阻率随外磁场的变化关系。将样品放在可控变温的环境中，即可测得电阻率随温度的变化关系：

$$\mathrm{MR}=\frac{R(H)-R(0)}{R(0)}\times 100\% \qquad (2.6)$$

$$\mathrm{MR}(T) = \frac{R(H,T) - R(0,T)}{R(0,T)} \times 100\%$$，$R(0,T)$ 和 $R(H,T)$ 分别为试样在测试温度为 T、外加磁场为 0 和 H 时的电阻值。

2.2.8 等静压力-磁耦合特性测试

高压，特别是 GPa 级压强作用下磁性样品的磁性、磁相变温度、磁热特性等方面的研究目前报道还比较少，本书研究过程中采用日本 HMD 公司专为 Quantum Design 公司 VersaLab 开发的等静压磁测量包研究了哈斯勒合金的相关特性（图 2.12、图 2.13）。

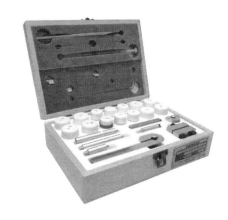

图 2.12 VSM 高压测试附件

Fig 2.12 HMD pressure cells for magnetization

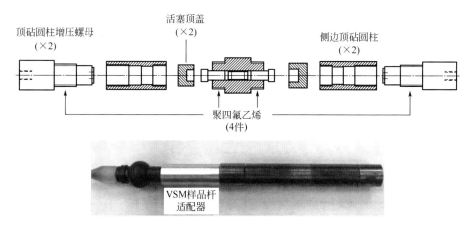

图 2.13 VSM 高压附件测试原理及实物

Fig 2.13 VSM high-pressure test attachment theory and physical map

该套由 BeCu 合金借助 Daphne 7373 油在高压包中产生等静压,最高可以获得 1.3GPa 等静压,可以对试样进行 50～400K 范围内的测试。

参考文献

[1] Cullity B D. Element of X-ray diffraction[M]. London:Addison-Wesley,1978.

[2] 黄胜涛. 固体 X 射线学[M]. 北京:高等教育出版社,1990.

[3] 侯增寿,卢光熙. 金属学原理[M]. 上海:上海科学技术出版社,1990.

[4] Goryczka T,Lelatko J,orka-Kostrubiec B G´,Ochin P,Morawiec H. Martensitic transformation in melt-spun Ni-Mn-Ga ribbons[J]. The European Physical Journal Special Topics, 2008 (158): 131-136.

[5] Watson E,Neill M J. Differential Scanning Calorimeter for Quantitative Differential Thermal analysis[J]. Analytical Chemistry,1964(36):1233-1238.

[6] 周文生. 磁性测量原理[M]. 北京:电子工业出版社,1988.

第3章

Ni-Mn-Ga 合金薄带制备及磁电特性研究

3.1 引言

哈斯勒合金是一种高度有序的金属间化合物，具有 L2$_1$ 结构，空间群为 Fm$\overline{3}$m，化学分子式为 X$_2$YZ，Ni-Mn-Ga 合金就属于哈斯勒合金。根据合金成分不同，Ni-Mn-Ga 合金中存在多种晶体结构的马氏体，其中最经常被观察到的三种马氏体为：非调制马氏体（NM）、5 层调制马氏体（5M）和 7 层调制马氏体（7M）。本章选取具有代表性的 Ni$_{53}$Mn$_{23.5}$Ga$_{23.5}$ 马氏体合金薄带进行研究，对于 Ni-Mn-Ga 合金薄带的研究目前主要在于制备工艺及成分变化等方面。对于 Ni-Mn-Ga 合金薄带与磁性能影响机制相关的热处理过程中内应力去除、取向一致性、晶格常数变化趋势、薄带截面、磁畴结构等方面研究得较少。因此继续开展 Ni-Mn-Ga 合金薄带的研究，探索该驱动材料在实际工程应用中的潜能有着广阔的应用前景。

3.2 Ni-Mn-Ga 薄带热处理及其影响

3.2.1 热处理温度对 Ni-Mn-Ga 晶体结构的影响

熔体快淬制备技术是合金液流在激冷作用下实现快速凝固的过程。由于该过程进行得极快，薄带样品由于急冷会引入内应力，导致非晶化或者晶化不完整,因此对薄带热处理,有效去除内应力,使薄带样品进一步有序化,取向一致十分重要。

首先将制备的 $Ni_{53}Mn_{23.5}Ga_{23.5}$(原子分数)部分薄带试样装入真空热处理炉进行热处理,本底真空度 $2×10^{-4}Pa$,热处理分别在 873K、973K、1073K,保温时间为 1h。对未热处理样品、873K、973K、1073K 样品分别标注为样品(a)、(b)、(c)、(d)。

图 3.1 为 $Ni_{53}Mn_{23.5}Ga_{23.5}$(原子分数)合金薄带经不同热处理温度后室温下的 X 射线衍射图谱,由于目前没有标准的马氏体 Ni-Mn-Ga 合金的 X 射线衍射 PDF 卡,对薄带进行标定,确定此合金薄带为 7 层(7M)马氏体结构。

$Ni_{53}Mn_{23.5}Ga_{23.5}$ 合金薄带属于正交晶系,其惯用元胞的几何特征为:$a≠b≠c$,$α=β=γ=90°$。由晶体几何学基础,同时结合 X 射线衍射图谱进行分析,晶格参数可以由式(3.1)计算:

$$d = \frac{1}{\sqrt{\left(\frac{h}{a}\right)^2 + \left(\frac{k}{b}\right)^2 + \left(\frac{l}{c}\right)^2}} \quad (3.1)$$

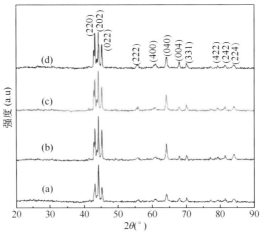

图 3.1 室温下 $Ni_{53}Mn_{23.5}Ga_{23.5}$ 合金薄带 1h 不同热处理温度后 X 射线衍射谱

Fig. 3.1 The room-temperature XRD patterns of $Ni_{53}Mn_{23.5}Ga_{23.5}$ at different temperature annealed for 1h

利用 X 射线衍射图谱,结合式(3.1)计算,$Ni_{53}Mn_{23.5}Ga_{23.5}$ 合金薄带晶体的晶格参数及其单胞体积列于表 3.1。由表 3.1 可以看出，$Ni_{53}Mn_{23.5}Ga_{23.5}$ 合金薄带随着热处理温度的变化，相比未热处理状态，热处理后晶体的晶格常数与晶胞体积都发生减小，这应该是由于热处理过程使得晶体进一步有序化和内应力减小。在 XRD 测试中，由于仪器本身、温度、样品等因素的影响，晶格常数中小数点后第三位已经存在误差，本计算中存在的误差主要来源于此。

表 3.1　$Ni_{53}Mn_{23.5}Ga_{23.5}$ 合金薄带晶体不同热处理温度的晶格参数及单胞体积及晶格畸变理论值

Table 3.1　The lattice parameters a，b，c and cell volume V of the as-spun and different-temperature annealed $Ni_{53}Mn_{23.5}Ga_{23.5}$ ribbons

样品	a(nm)	b(nm)	c(nm)	V(nm^3)	ε_0（%）
（a）	0.6093	0.5780	0.5538	0.1950	9.1
（b）	0.6074	0.5780	0.5537	0.1944	8.8
（c）	0.6071	0.5785	0.5537	0.1945	8.8
（d）	0.6076	0.5779	0.5534	0.1943	8.9

迄今所报道的 Ni-Mn-Ga 合金系的最大磁诱发应变是由索济诺夫（Sozinov）等制备的室温下为 7M 马氏体的单晶，其单晶试样点阵常数 a=0.619nm，b=0.580nm，c=0.553nm，这与样品（d）的晶格常数十分接近，按照沿长轴 a 方向的最大孪晶切变与晶格畸变理论值 $\varepsilon_0=(1-c/a)\times 100\%$ 计算，其晶格畸变理论值为 8.9%，这充分说明熔体快淬样品具有接近单晶性能的特点。

3.2.2　热处理温度对 Ni-Mn-Ga 相变温度的影响

对于在热处理过程中薄带内应力去除及晶体生长的有序化，$Ni_{53}Mn_{23.5}Ga_{23.5}$ 合金薄带表现出典型的热弹性马氏体相变。由于 Ni-Mn-Ga 是典型的磁性形状记忆合金，因此对于其相变温度除了测试相变点外，还需要测试居里温度 T_C。

图 3.2 为 $Ni_{53}Mn_{23.5}Ga_{23.5}$ 合金薄带样品（d）的 DSC 原始测试曲线，升降温速率为 5K/min。从图 3.2 可以看出，$Ni_{53}Mn_{23.5}Ga_{23.5}$ 合金薄带具有典型的热弹性马氏体相变过程，在加热过程中出现了一个吸热峰，说明存在一个马氏体相变；在冷却过程中出现了一个放热峰，说明薄带出现了马氏体相逆转变。根

据测试仪器计算的相变潜热约为 5~6J/g，这一数值低于文献中关于一般同类马氏体结构块体材料（其相变潜热约为 8J/g）约 30%，充分说明合金薄带相对于块体材料具有更加优异的热驱动性能。

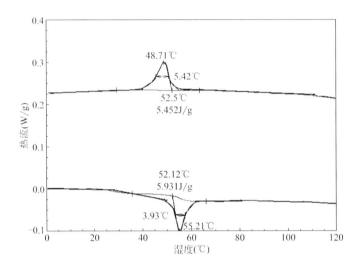

图 3.2　$Ni_{53}Mn_{23.5}Ga_{23.5}$ 合金薄带样品（d）的 DSC 原始测试曲线

Fig. 3.2　The DSC curves of $Ni_{53}Mn_{23.5}Ga_{23.5}$ ribbons (d)

试验中除采用 DSC 进行测试外，主要采用磁矩随温度变化曲线（M-T）进行相变温度及居里温度的测试，该测试方法除可以进行相变温度测试外，还能对有关样品磁性能进行有效的测试，反映不同热处理对合金薄带磁性能及居里温度的影响。

由于部分马氏体在相变过程中存在从 7M 马氏体向 5M 马氏体转变，或者存在预马氏体相变等原因，测试所用 DSC 低温能力有限，试验中采用磁矩随温度变化曲线（M-T），利用 Quantum Design 公司 VersaLab 多功能振动样品磁强计对样品薄带进行测试，100Oe 的外场平行于薄带，测试温度在 50~400K 之间，从图 3.3 中可以清晰地看到整个温区范围内，只存在一类马氏体相变，并且与 DSC 测试温度基本一致。样品居里温度约为 355K。

结合图 3.2 的 DSC 数据，在磁矩随温度变化（M-T）曲线上用切线法确定马氏体相变的开始和终了温度（M_s 和 M_f）以及马氏体逆相变（奥氏体转变）的开始和终了温度（A_s 和 A_f），有关数据列于表 3.2。

第 3 章　Ni-Mn-Ga 合金薄带制备及磁电特性研究

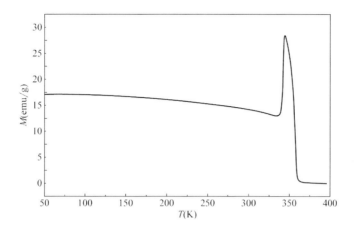

图 3.3　$Ni_{53}Mn_{23.5}Ga_{23.5}$ 合金薄带样品（d）磁矩-温度变化曲线（M-T）

Fig. 3.3　The magnetic moment-temperature curve of $Ni_{53}Mn_{23.5}Ga_{23.5}$ ribbon

表 3.2　不同温度热处理 1h 样品相变温度及热滞值

Table 3.2　The transformation temperature and thermal hysteresis value of sample after different annealed temperatures for 1h

样品	M_s(K)	M_f (K)	A_s(K)	A_f (K)	$A_f - M_s$(K)
(b)	327.3	319.5	324.8	333.2	5.9
(c)	327.8	315.2	323.9	333.1	5.3
(d)	327.3	320.1	325.5	332.1	4.8

图 3.4 为 100Oe 外场下不同热处理温度下样品的磁矩随温度变化曲线（M-T），从图中可以看到未热处理样品及不同温度热处理样品在 250～390K 温区范围内的相变情况。

经分析可以看到，热处理样品（d）晶化完全，在相变过程中马氏体转化热滞小，对于热处理的样品（c），其相变温度同（d）接近，热滞也接近，但是马氏体和奥氏体状态下的磁性能对比并不十分明显，因此对于磁性形状记忆合金晶化温度的确定，仅仅利用 DSC 分析曲线是不完备的。对于样品（b）和样品（a），从曲线中可以看到，相变进行得不彻底，特别是未热处理的样品，磁性能虽然相对于奥氏体相有很大变化，但是热滞十分明显，特别是 330～340K

范围内，这一现象应该是与熔体快淬过程中引入的内应力没有释放及晶化度较低、晶体未有效取向，从而导致材料内耗增大有关。在相变过程中需要更多的内能。同时样品（a）的居里温度相对晶化完全样品（d）的低，约为345K。

对比不同热处理温度下样品的相变温度和热滞值可以发现，相对于块体材料约10K的热滞值，薄带样品热滞极大地减小，这与DSC测试曲线中相变潜热约为5～6J/g、低于同类马氏体结构块体材料的相变潜热有关，充分说明合金薄带具有优异的热驱动性能。马氏体热滞来源于相界面的摩擦理论，Deng等基于马氏体质量分数和温度是线性关系，建立了一个热弹性马氏体相界面的摩擦模型，中国科学院物理所磁学国家重点实验室吴光恒等对 $Ni_{52.5}Mn_{23.5}Ga_{24}$ 马氏体相变热滞后的研究，进一步证明了热弹性马氏体相变的热滞后来源于相界面推移过程中的摩擦。

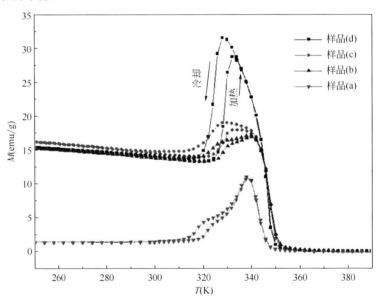

图 3.4　100 Oe 外场下不同热处理温度样品的磁矩随温度变化曲线（M-T）

Fig. 3.4　The magnetic moment-temperature curve of $Ni_{53}Mn_{23.5}Ga_{23.5}$ ribbon after different annealed temperatures under 100 Oe magnetic field

3.2.3　热处理温度对 Ni-Mn-Ga 微观组织的影响

热处理过程是一个再结晶过程，通常晶粒的长大是通过晶界的迁移实现的，晶界的迁移是一个热激活过程，随着热处理温度的升高，晶粒将逐渐长大，并且取向性将增强。

图 3.5 为 Ni-Mn-Ga 合金薄带不同温度热处理晶化后的扫描电镜图。从图中可看出，$Ni_{53}Mn_{23.5}Ga_{23.5}$ 合金薄带退火处理后，样品（b）显示出柱状晶及部分 5～10μm 的晶粒。随着热处理温度的升高，样品（c）经热处理后，晶粒增大，出现了等轴晶，表面可以清晰地观察到马氏体条纹，图中白框区域内能够观察到形状记忆合金特有的马氏体贯穿晶界这种现象，同时存在马氏体变体条纹。在样品（d）中，晶粒显著增大，晶粒显示为粗大的等轴晶，且可以清晰地看到不同方向的马氏体变体，并且局部观察到了自协作马氏体。形状记忆合金热弹性马氏体变体多呈自协作组态，由于各个变体的形状应变相互抵消，其宏观平均形状应变几乎为零。正是这种变体间的自协作，使马氏体变体的变形以变体间和变体内的孪晶界面运动的方式进行，因而具有较高的可逆性。表面形貌中观察到马氏体条带，这说明 $Ni_{53}Mn_{23.5}Ga_{23.5}$ 合金薄带的马氏体转变温度在室温附近或高于室温。

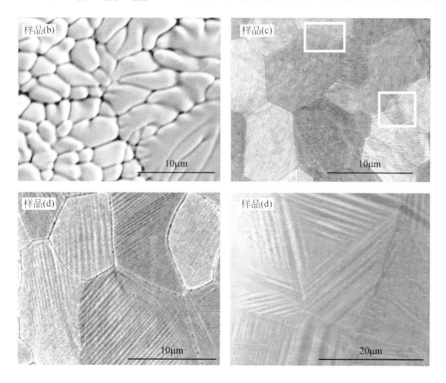

图 3.5 Ni-Mn-Ga 合金薄带不同温度热处理晶化后的扫描电镜图

Fig. 3.5 The scanning electron micrographs of Ni-Mn-Ga alloy ribbon after different annealed temperatures

图 3.6 是 Ni-Mn-Ga 合金薄带不同温度热处理晶化后的截面形貌。由图 3.6 可以看出，$Ni_{53}Mn_{23.5}Ga_{23.5}$ 合金薄带退火处理后，样品（a）截面可以看到白框区域内类似纤维状断裂，说明未热处理时，样品晶化较差，同时由于内应力等因素，导致非沿晶界断裂。样品（b）中可以看到晶粒逐渐清晰，样品（c）中晶化已经接近完成，晶粒接近 20um，样品（d）中晶粒显著增大，晶粒显示为粗大

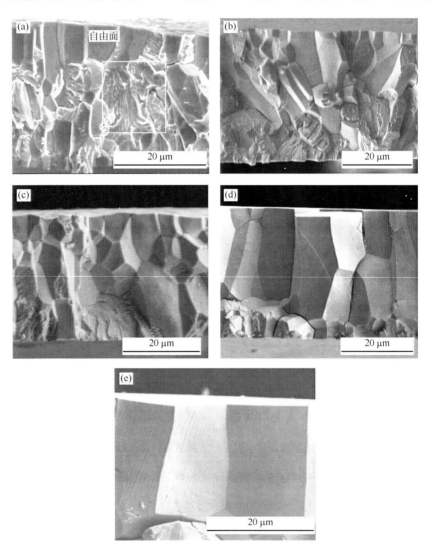

图 3.6 Ni-Mn-Ga 合金薄带不同温度热处理晶化后的截面形貌

Fig. 3.6 The fracture surface of Ni-Mn-Ga alloy ribbons after different annealed temperatures

的等轴晶，这与表面形貌很好的匹配。粗大的等轴晶取向性好，为获得良好的磁性能及大的磁晶各向异性提供了保证。整个晶粒贯穿整个薄带厚度约 40μm、直径约 20μm，特别是自由面，可以看到清晰的马氏体浮凸，这与 M-T 曲线中马氏体相变温度高于室温相符合。

截面部分的研究为进一步揭示热处理温度对磁性能，特别是矫顽力等的影响提供了有效的支持。

3.2.4 热处理温度对 Ni-Mn-Ga 微观组织的影响

热处理温度对晶粒尺寸，有序性，有着明显的影响，随着内应力的有效去除，取向一致性增加，在外磁场方向所表现的各向异性也就会越明显。

图 3.7 是熔体快淬样品未热处理及不同热处理情况下 300K 温度时的初始磁化曲线，测试过程中磁场平行薄带表面。从图中可以看到，即使未加热处理，样品（a）已经表现出一定的铁磁性，但是相对于热处理样品，其饱和磁化强度 M_s 约为 55emu/g，磁性能较强。但是从曲线中可以看到，在 $1.0×10^4$Oe 的外场时，其并没有接近饱和，这应该是由于内应力及晶化等影响造成的。热处理样品（b）、（c）、（d）可以看到明显的易磁化特性，磁场热处理最容易达到饱和，表现出易磁化特征。磁化曲线是研究磁性材料晶体磁性能的一个重要的手段，从曲线中可以获得很多重要的磁性参数，样品（b）、（c）、（d）分别对应的 M_s 为 57.4emu/g、61.9emu/g、63.2emu/g，充分体现了热处理对磁性能的影响。

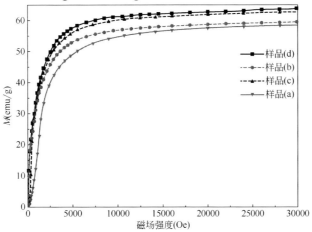

图 3.7　$Ni_{53}Mn_{23.5}Ga_{23.5}$ 合金薄带（a）、（b）、（c）、（d）300K 时的初始磁化曲线

Fig. 3.7　The initial magnetization curves of $Ni_{53}Mn_{23.5}Ga_{23.5}$ alloy ribbons(a), (b), (c) and (d) at 300K

磁性材料的磁化是由于在外磁场作用下，磁畴的转变和磁畴壁的移动所导致的。对于多晶试样，由于各个晶粒的晶轴取向混乱以及晶粒之间的相互作用，磁畴结构非常复杂，使得畴壁位移过程与磁化矢量转动过程两个阶段不易分开。但是在强磁场范围，畴壁位移过程将完全停止，磁化矢量转动成为磁化的唯一动力。在这种情况下，由于各种多晶体的磁化均来自磁化矢量的转动过程，因此具有共同的规律，即它们普遍遵守趋近饱和定律。利用趋近饱和定律在静态条件下测定多晶材料各向异性常数 K_1。

强磁场中的趋近饱和定律可以归纳为如式（3.2）所示形式：

$$M = M_s\left(1 - \frac{a}{H} - \frac{b}{H^2}\right) + \chi_p H \quad (3.2)$$

式中，M_s 是饱和磁化强度；a 是不均度参数；b 是各向异性参数；χ_p 是在更高的磁场下顺磁磁化过程的磁化率。其中，a/H 项只在低场下起作用，χ_p 项数值很小，在 0K 时可以忽略。因此式（3-2）可以简化成以下形式：

$$M = M_s\left(1 - \frac{b}{H^2}\right) \quad (3.3)$$

经过推导，常数 b 满足以下关系：

$$b = \frac{8}{105}\frac{K_1^2}{M_s^2 \mu_0^2} \quad (3.4)$$

式中，K_1 为磁晶各向异性常数；μ_0 为真空中的磁导率；利用上式结合初始磁化曲线可以计算出合金的饱和磁化强度和磁晶各向异性常数。拟合计算如下。

将 M-H 曲线转化为 M-1/H2 曲线，如图 3.8 所示，然后选取处于趋近饱和阶段的点进行线性拟合，如图 3.9 所示，求出该曲线在 M 轴上的截距和斜率。其中，截距即为试验合金的饱和磁化强度。由式（3.3）得到斜率 k 和常数 b 之间满足如下关系，从而求得 b 值：

$$b = -\frac{k}{M_s} \quad (3.5)$$

将常数 b 和 M_s 代入式（3.4），就可得到试验合金的磁晶各向异性常数 K_1。

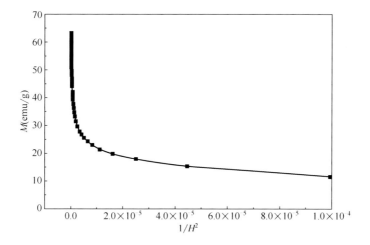

图 3.8 样品（d）$Ni_{53}Mn_{23.5}Ga_{23.5}$ 的 M-1/H2 曲线

Fig. 3.8 The M-1/H2 curve of sample (d)

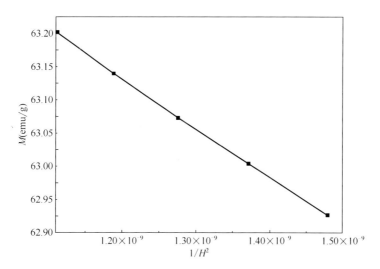

图 3.9 样品（d）$Ni_{53}Mn_{23.5}Ga_{23.5}$ 趋近饱和磁化点的 M-1/H2 曲线

Fig. 3.9 The M-1/H2 curve of sample (d) at the gradual magnetic field

经过拟合计算，样品（d）的磁晶各向异性常数约为 $2.24\times10^6 erg/cm^3$，即 $2.24\times10^5 J/m^3$，这一数值已经与索济诺夫等制备的 7M 单晶中磁晶各向异性常数高达 $1.6\times10^5 J/m^3$ 在同一数量级，大的磁晶各向异性常数确保了磁诱发应变的可能性。

但是由于测试仪器所加磁场强度有限，如果可以进行 $10\times10^4 Oe$ 以上外场进行测试，结果将更加接近真实测试值。因此此种方法计算结果与具体实验室测值还存在一定的差距，仅用来进行数量级方面的参考。

图 3.10 是样品（d）在 300K 时磁场分别平行和垂直薄带时所测得的初始磁化曲线，从中可以看到样品具有各向异性，其中当磁场方向平行薄带时表现为易磁化，而垂直薄带方向为难磁化方向，对于易磁化方向，在 $8.0×10^3$Oe 外场时，样品已经基本达到饱和，而垂直方向，需要到 $1.5×10^4$Oe 时达到饱和。

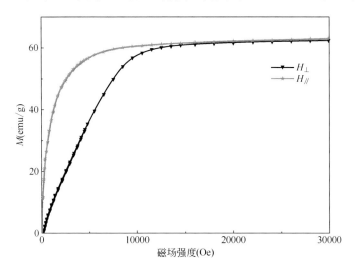

图 3.10 样品（d）Ni$_{53}$Mn$_{23.5}$Ga$_{23.5}$ 合金薄带 300K 不同方向初始磁化曲线

Fig. 3.10 The initial magnetization curve of sample (d) in different directions at 300K

图 3.11 是样品（d）Ni$_{53}$Mn$_{23.5}$Ga$_{23.5}$ 合金薄带 300K 时外磁场垂直和平行薄带表面的磁化曲线（M-H）局部放大，从中可以得到，两个方向尽管饱和磁场差距很大，但是矫顽力比较接近，垂直方向为 100Oe，平行方向为 30Oe 左右，都具有很好的磁性功能材料所需的低矫顽力的特性，对于平行方向剩磁约为 6.5emu/g，垂直方向为 2.0emu/g。

图 3.12 是 Ni$_{53}$Mn$_{23.5}$Ga$_{23.5}$ 合金薄带样品（a）、（b）、（c）、（d）在 300K 时的磁化曲线，测试过程中磁场平行于薄带表面。从图中可以看到样品在 10000Oe 内已经达到饱和，由于测试过程中采用的是外加磁场平行于测试薄带表面，因此可以初步判断样品具有一定的易磁化方向。其中样品（c）、（d）饱和磁化强度十分接近，这一点与截面及形貌所看到的晶粒尺寸以及柱状晶结构符合得很好。样品（a）的磁化曲线是由于未有效热处理及晶化造成的。

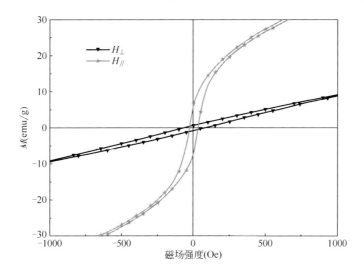

图 3.11 样品（d）Ni$_{53}$Mn$_{23.5}$Ga$_{23.5}$合金薄带 300K 不同方向磁化曲线

Fig. 3.11 The initial magnetization curve of sample (d) in different directions at 300K

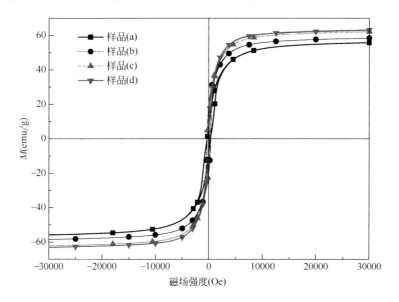

图 3.12 Ni$_{53}$Mn$_{23.5}$Ga$_{23.5}$合金薄带（a）、（b）、（c）、（d）
磁场平行薄带表面 300K 时的磁化曲线

Fig. 3.12 The magnetization curves of sample (a) (b) (c) and
(d) in-plane directions at 300K

图 3.13 是合金薄带样品（a）、（b）、（c）、（d）磁化曲线的局部放大图，从

图中可以看到，尽管 $Ni_{53}Mn_{23.5}Ga_{23.5}$ 合金薄带（c）、（d）饱和磁化强度（M_s）十分接近，但是两者的矫顽力（H_c）和剩磁（M_r）以及剩磁比（M_r/M_s）/100%存在很大的差距，对应的样品磁性能列于表3.3。

图 3.14 是 $Ni_{53}Mn_{23.5}Ga_{23.5}$ 合金薄带（a）、（b）、（c）、（d）室温下平行磁场的 M_s、M_r、H_c，结合表 3.3 可以发现，样品的饱和磁化强度 M_s 随着热处理温度的升高逐渐增大，样品（d）的饱和磁化强度 M_s 已经与单晶 Ni-Mn-Ga 的磁性能相同，同时发现仅仅从饱和磁化强度 M_s 已经很难区别样品（c）与样品（d）。样品的剩磁 M_r 随着热处理温度的升高，呈现一个先增大，然后再减小的过程，样品（a）的 M_r 与样品（d）的接近，但是其 M_s 却有很大差距，而样品（b）则表现出最大的剩磁 M_r，这应该与热处理过程未进行充分，尽管晶粒已经长大，但是由于这个过程温度较低，没有充分晶化，并且取向性不明显，从而导致剩磁较大，且矫顽力 H_c 也是四个样品中最大的。样品（c）最具有代表性，尽管其 M_s 与样品（d）的基本一致，但是对比样品（d），M_r 和 H_c 存在很大的差距。样品（d）具有优异的磁性能，其饱和磁化强度 M_s 和剩磁 M_r 及矫顽力 H_c 测试数据表现良好，其矫顽力 H_c 仅仅为 30Oe 左右，充分保证样品作为磁性形状记忆合金能够获得大的响应频率以及较小的驱动磁场。

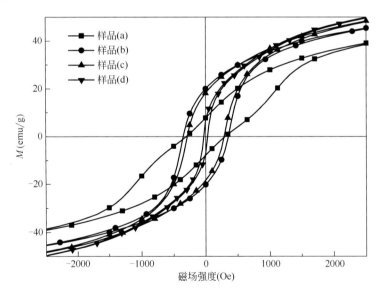

图 3.13 $Ni_{53}Mn_{23.5}Ga_{23.5}$ 合金薄带（a）、（b）、（c）、（d）磁场平行薄带表面的磁化曲线

Fig. 3.13 The magnetization curves of sample (a) (b) (c) and (d) in-plane directions

表 3.3　$Ni_{53}Mn_{23.5}Ga_{23.5}$ 合金薄带（a）、（b）、（c）、（d）室温下的磁性能

Table 3.3　The magnetic properties of alloy ribbons (a) (b) (c) and (d) at room temperature

样品	M_s (emu/g)	M_r (emu/g)	H_c (Oe)	$(M_s/M_r)/(\%)$
(a)	55.10	7.95	294.5	14.43
(b)	57.44	20.15	354.5	35.08
(c)	61.90	18.12	293.5	29.27
(d)	63.20	6.53	30.2	10.33

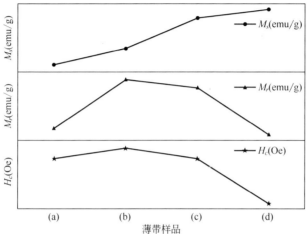

图 3.14　$Ni_{53}Mn_{23.5}Ga_{23.5}$ 合金薄带样品（a）、（b）、（c）、（d）室温下平行磁场的 M_s、M_r、H_c

Fig. 3.14　Ms, Mr and Hc of alloy ribbons (a), (b), (c) and (d) in-plane direction at room temperature

处于磁场中的磁性材料，当磁场强度增加时，它的磁化强度也随之增加，并最终达到饱和磁化强度这一极限值，这个过程被称作技术磁化（Technical Magnetization），包括磁畴畴壁的位移和磁畴磁化强度方向的转动两个过程，因此研究磁性材料在不同状态下的磁畴形貌对于深入了解其磁学性能有着很重要的意义。

进行磁力显微镜观察的试样要求非常严格，除了样品表面要求平整，还必须消除在制样过程中引入的内应力及可能由于磁化带来的影响，这是因为如果有内应力存在，就会对磁针产生影响，从而得到的不是真实的磁畴形貌，而是加入了很多假象。基于上述考虑以及对仪器的保护，本测试只对经过 1073K 热处理的样品（d）进行了测试，测试中采用磁力探针非接触模式进行，其中形貌与磁畴分别提取测试中的 trace 与 retrace 信号，并且磁畴信号采用探针抬起

100nm 进行测试。根据测试原理,当针尖与样品磁畴畴内磁矩矢量方向平行时,二者间相互吸引,在 MFM 图像中表现为暗区;如果反向平行则相互排斥,在 MFM 图像中表现为亮区,图像反差周期对应于吸引和排斥的周期。从图中可以看到由一些明暗条纹组成的不规则畴分布在深色和浅色区域,其中的明暗条纹分别代表磁化矢量方向相反的磁畴。根据样品的 DSC 及(M-T)曲线,可以充分判断室温是为马氏体结构。

图 3.15 为采用南京大学固体微结构物理国家重点实验室扫描探针显微镜(Veeco Nano V SPM)对 $Ni_{53}Mn_{23.5}Ga_{23.5}$ 样品(d)的磁畴结构进行观察。从图 3.15 可以看到,样品在扫描区域内(25μm×25μm)非常平整,整体起伏不超过 50nm,样品磁信号强,能明显地看到明暗相间的磁畴结构。

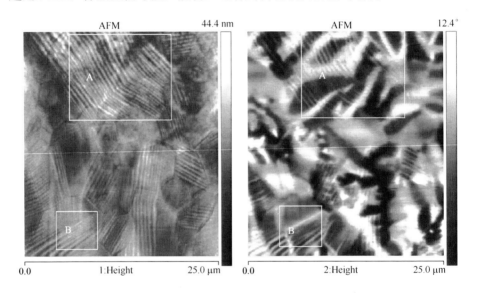

图 3.15　样品(d)室温时扫描探针显微镜图(左侧为 AFM,右侧为 MFM)(25μm×25μm)

Fig. 3.15　The scanning micrographs of sample (d) at room temperature

(left: AFM; right:MFM) (25μm ×25μm)

图 3.15 中所示 A 区域,从 AFM 图中可以看到清晰的马氏体条纹,且此处是典型的形状记忆合金特有的马氏体贯穿晶界区域,从对应的 MFM 图可以看到,此处磁畴表现出连贯性,没有晶界的影响,这为在外加磁场下马氏体变体及孪晶界移动提供了良好的驱动可能性。马氏体相变是晶体点阵的连续切变行为,在多晶体金属或合金中,由于晶界缺陷和能垒的存在,马氏体的生长往往

在晶界受阻而中止，所以穿晶马氏体是非常少见的。存在穿晶界马氏体的晶界两侧晶粒位向趋向一致，层错亚结构的取向也趋于一致，并保持连续性。NiTi形状记忆合金中也被观察到，马氏体穿晶界生长是热弹性马氏体相变在小角度晶界的普遍行为（这一现象仍缺乏深度研究），图中B区域在同一个晶粒内部存在马氏体变体，从这一区域中对应的磁畴结构图中可以看到，其马氏体变体区域存在磁结构的变化，有一条明显的亮线，这为进一步研究磁场驱动马氏体研究及马氏体变体对磁性能影响提供了进一步研究的基础。

3.3 Ni-Mn-Ga合金薄带相变过程磁性能动态研究

3.3.1 马氏体相变过程中的磁性能

温度诱发的相转变过程是一个典型的一级相变过程，伴随着相变的发生，其晶体结构也在变化，晶格常数及对称性的改变，直接影响到该类合金的磁性能。图3.16是经1073K热处理1h $Ni_{53}Mn_{23.5}Ga_{23}$ 7M马氏体合金薄带在从马氏体相向奥氏体相转变过程的磁化强度随温度的变化曲线（M-T），测试时磁场平行于薄带样品表面，测试外场为100Oe，从中可以看到奥氏体相相对于马氏体相在低场情况下磁性能更强，这是由于母相奥氏体是典型的立方晶系$L2_1$结构，其晶格常数为$a=b=c=0.583$nm，不表现出择优取向，整体磁性能要优于7M调制结构的马氏体相。采用切线法从图中可以看到马氏体开始温度 M_s=327K，马氏体结束温度M_f=320K，奥氏体开始温度A_s=325K，奥氏体终止温度A_f=332K，居里温度约为350K。结合图3.19可以看到此相变进行得非常彻底，没有残存其他相变。

在从马氏体相向奥氏体相转变完成后，其磁性能随着温度的升高，开始减小，表现出典型的磁性能随着温度的变化特性，这一变化是由于温度的升高，导致热运动加剧，晶体内部磁矩的取向发生变化。

根据安培假设，铁磁体的T_C正比于交换积分。T_C的高低是材料中原子间交换相互作用强弱的宏观表现。要提高磁性材料的居里温度，就必须提高交换作用。而交换作用与原子间距有关。可通过改变原子间距来提高T_C。

图3.17是同一样品在升温相变过程中的磁化曲线，测试温区为321～331K，

每隔2K，测试一条磁化曲线，从中可以清晰地看到马氏体相与奥氏体相的磁性能变化，对比于图3.16中所表现出来的低场下母相奥氏体磁性能强于马氏体不同，在高场情况下，马氏体相（321K）的饱和磁化强度比奥氏体相（331K）要强约20emu/g，同时奥氏体相相比马氏体相在较低的磁场下易于饱和。

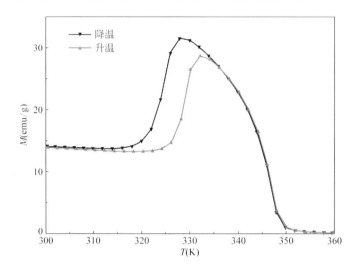

图 3.16 Ni$_{53}$Mn$_{23.5}$Ga$_{23}$马氏体合金薄带温度与磁性能（M-T）关系曲线

Fig. 3.16 The magnetic-moment-temperature curve of Ni$_{53}$Mn$_{23.5}$Ga$_{23.5}$ martensite alloy ribbon

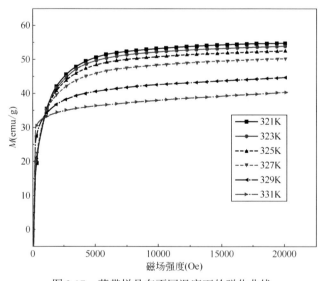

图 3.17 薄带样品在不同温度下的磁化曲线

Fig. 3.17 The magnetization curves of ribbon sample at different temperatures

图 3.17 同时结合图 3.16 中有关相变点温度可以看到，当温度为 331K 时，合金完成马氏体相向奥氏体相转变，处于母相铁磁状态，磁化曲线呈典型的易磁化特点，相对于 321K 时的马氏体铁磁相，磁化曲线约为 8000Oe 时，外场接近饱和，可以看到其达到接近饱和时的外场约 2000Oe 时。根据第四章分析可知，样品是典型的 7 层调制马氏体，马氏体相通常具有较强的磁晶各向异性能，因此较难磁化。

图 3.18 是薄带样品 321K 与 331K 升温过程中的局部（±1000Oe）磁化曲线 M-H，从中可以看到 321K 时样品矫顽力约为 50Oe，而当转变为奥氏体（331K）时，矫顽力约为 10Oe 以下，矫顽力急剧降低；对比在小磁场情况下，母相约 200Oe 的磁化强度为 33emu/g，相当于该温度下饱和磁化强度（Ms≈37emu/g）的 90%，而 321K 时，在 1000Oe 外场情况下，其磁化强度为 35emu/g，相当于该温度下饱和磁化强度（Ms≈55emu/g）的 64%。

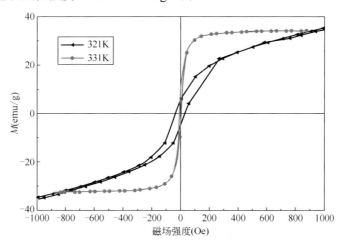

图 3.18 薄带样品在 321K 和 331K 时的局部磁化曲线（±1000Oe）

Fig. 3.18 The magnetization curves of ribbon sample at 321K and 331K (±1000Oe)

因此，在 Ni-Mn-Ga 合金的马氏体转变过程中，磁性能及各向异性能方面发生急剧的变化，这个过程中晶格常数发生变化，表现为由 7 层调制结构，a=0.608nm，b=0.578nm，c=0.553nm 转变为奥氏体相的 a=b=c=0.583nm，其中 a 轴变短，c 轴变长，晶格均匀切变虽然不会产生宏观应变，但是在晶格的不均匀切变过程中，开始了马氏体变体的自协作作用，造成变体之间的孪晶界移动。

3.3.2 马氏体相变过程中形貌及磁畴原位观察

马氏体相变具有热效应和体积效应，相变过程是形成核心和长大的过程。

Ni-Mn-Ga 合金薄带表现出典型的板条状马氏体,并且可以出现形状记忆合金中马氏体贯穿晶界的现象,伴随着温度的变化,板条状马氏体演化以及由于晶体结构变化导致磁畴结构变化的研究为深入研究多晶合金薄带应用具有十分重要的现实意义。

图 3.19 为 $Ni_{53}Mn_{23.5}Ga_{23}$ 马氏体合金薄带样品升温相变过程中形貌(AFM)及磁畴(MFM)变化图,图中利用原位观察的方法,清晰地显示了伴随着相变的进行,马氏体表面形貌及磁畴随温度变化的过程。结合图 3.17 可知,在 321K 时,样品发生从马氏体相向奥氏体转变,与此温度对应可以看到,此时薄带处于马氏体状态,AFM 图上可以看到清晰的马氏体浮凸条带,对应的 MFM 图中,可以看到由一些明暗条纹组成的不规则磁畴分布在深色和浅色区域,其中的明暗条纹分别代表磁化矢量方向相反的磁畴。此时深色区域代表磁畴壁,可以看到磁畴壁与马氏体条纹是互相垂直的关系。

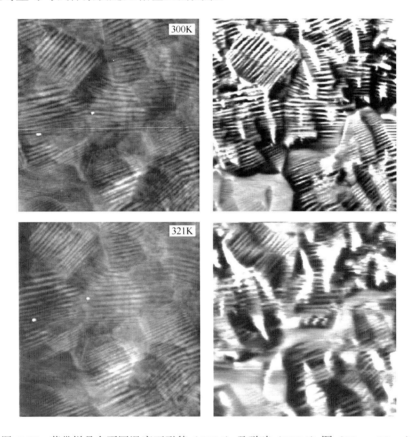

图 3.19 薄带样品在不同温度下形貌(AFM)及磁畴(MFM)图(25μm×25μm)

Fig. 3.19 AFM and MFM images of ribbon sample at different temperatures(25μm×25μm)

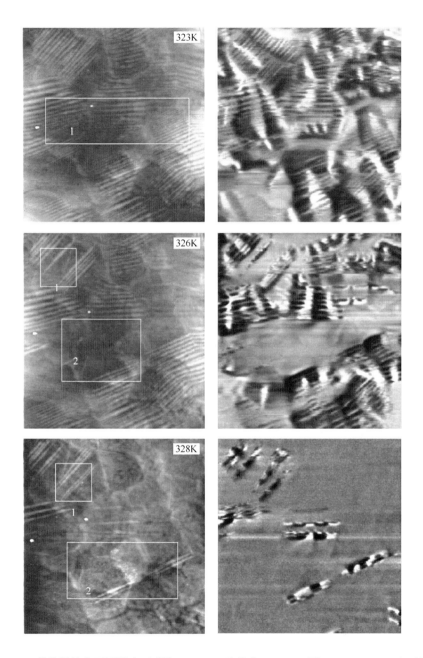

图 3.19 薄带样品在不同温度下形貌（AFM）及磁畴（MFM）图（25μm×25μm）（续）

Fig. 3.19 AFM and MFM images of ribbon sample at different temperatures（25μm×25μm）

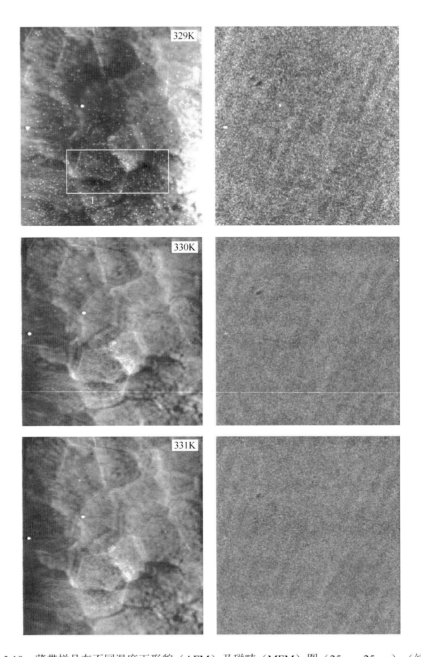

图 3.19 薄带样品在不同温度下形貌（AFM）及磁畴（MFM）图（25μm×25μm）（续）

Fig. 3.19 AFM and MFM images of ribbon sample at different temperatures（25μm×25μm）

图 3.19 中，对比 321K 和 300K 室温附近的形貌及磁畴图，可以发现，此时磁针磁场诱发的磁畴分布发生一定变化，此时 180°磁畴壁和 90°畴壁数量已经由于温度导致磁性能有一定的降低，并且板条状马氏体条带逐渐细化，但是变化并不明显。说明此时尽管磁畴取向发生变化，但对形貌影响有限。铁磁形状记忆合金的马氏体变体与铁磁畴的微观结构及其耦合。每个晶粒内部都存在条状的马氏体孪生变体，并呈现典型的自协作组态。323K 中 1 区域与 321K 对比发现，在开始相变的过程中，形貌和磁畴都在发生变化，垂直带面的磁畴减小，板条状马氏体削弱。伴随着温度的升高，形貌及磁畴在逐渐变化。对比 326K 和 328K 图中的 1 和 2 区域，板条状马氏体消失的同时，磁畴结构也消失，但是在有马氏体贯穿晶界的区域，磁畴结构仍然可以清晰地看到，这应该是磁性形状记忆合金的马氏体穿晶现象有关。

图 3.19 中 328K 和 329K 发生了急剧的变化，磁畴结构消失，但是在 329K 却出现了斑点，马氏体片在消失的过程中以形核方式消失。这与此前文献报道的单个马氏体片以突跃方式减小尺度，最后转变为奥氏体片有所区别，特别是在 328K 时板条状马氏体已经消失的区域也出现了形核方式的点。随后当温度升高到 330K 及以上时，磁畴已经完全转变为面内畴，宏观由磁针诱发的磁畴结构消失，板条状马氏体也完全转变为奥氏体。说明此时相结构已经转变完毕。

马氏体片中层错的主要来源：母相层错和两个马氏体片碰撞；母相位错与肖特基不完全位错相互作用；在马氏体之前的一系列肖特基不完全位错等。格拉瓦茨基(Glavatsky)通过测定不同温度下的 Ni-Mn-Ga 合金的晶体学参数变化，发现材料的点阵扭转系数随着温度的增加呈线性下降，其斜率与饱和磁感应变随温度的变化斜率相近，从而得出饱和磁感应变随温度的升高而降低与温度对马氏体正方度即晶格常数变化的影响密切相关。

Ni-Mn-Ga 磁驱动形状记忆合金的磁感生应变来源于外磁场作用下的马氏体孪晶变体的再取向。由于马氏体孪晶界运动强烈依赖于温度和材料的内应力，因此温度和内应力决定了发生孪晶界移动所需克服的能量势垒的高度。崔玉亭等的研究发现启动孪晶界移动所需能量的大小反映了这一能量势垒的高度。当温度较低时，将产生较高的能量势垒阻碍孪晶界移动，仅部分占较小体积分数的变体可以克服该能量势垒而发生向外磁场方向的重取向，导致磁感生应变减小；反之，当温度较高时（相变点附近），能量势垒较小，磁感生应变也就较大。可见，导致磁感生应变的变化是由于不同温度下启动孪晶界移动所需能量的不同。

图 3.20 是薄带样品在居里温度时的磁畴及形貌图，将该图与马氏体转变为奥氏体的 331K 进行对比，形貌上此时并没有明显的区别，但是此时已经由铁磁相转变为顺磁相，说明对于相变温度高于室温，但是小于居里温度（T_C）的 7 层 Ni-Mn-Ga 合金，在发生铁磁相向顺磁相转变时，没有形貌上的变化，由于温度的升高，分子热运动导致磁矩取向无序，宏观上在 MFM 图上不表现出来。

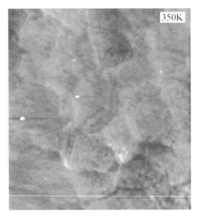

图 3.20　薄带样品在居里温度附近形貌（AFM）及磁畴（MFM）图（25μm×25μm）

Fig. 3.20　AFM and MFM images of ribbon sample near Curie temperature (25μm×25μm)

从奥氏体相向马氏体相转变的降温过程也进行了研究，但是在从奥氏体相转变为马氏体相的过程中没有出现 329K 的现象。

3.3.3　不同外加磁场对相变温度的影响

Ni-Mn-Ga 磁驱动形状记忆合金的磁感生应变来源于外磁场作用下的马氏体孪晶变体的再取向。吴光恒等研究表明，Ni-Mn-Ga 单晶材料在马氏体相变温度附近具有最大的磁感应应变。Ni-Mn-Ga 磁性形状记忆合金薄带相对于块体合金来讲具有成分均匀性好、晶粒细小、取向性好等优点。因此研究不同外磁场对 7M 马氏体多晶合金薄带相变温度影响具有十分现实的应用背景。

针对铁磁形状记忆合金磁场驱动的特性，采用同一样品不同磁场随温度的热磁曲线（*M-T*），对铁磁形状记忆合金磁性能及相变温度、居里温度等在不同外场的影响进行研究。为了便于分析，本节中 1.0×10^4Oe 外场等价为 1T。

为了保证测试的准确性，以及由于磁化带来的影响，测试采用先升温到 390K、远高于样品的居里温度（$T_C \approx 350$K）以上，并等待 10min，充分将样品由铁磁相转变为顺磁相，保证样品充分退磁。根据薄带样品的易磁化方向，测试采用外场平行薄带表面进行测试。

从图 3.21 中可以看到，对于测试样品，在 0.01T 外场的情况下，可以看到明显的顺磁相向铁磁相转变，并且此时表现出奥氏体相磁性能要优于马氏体相磁性能，即在相变过程中表现为曲线向下弯曲。当外场增加到 0.1T，相变点已经相对模糊，奥氏体向马氏体转变时，可以看到测试曲线有一定的跳跃，说明在转变发生的同时，存在 3.0emu/g 磁性能的变化；这应该与相变过程中晶格常数发生变化有关。但是当从马氏体向奥氏体转变时，磁性能并没有明显的变化，只是随着温度的进一步升高，发生由铁磁性奥氏体相向顺磁性奥氏体相的转变，并且对比 0.01T 外场的居里温度，如果采用切点法来判断，可以看到居里温度提高了 5K，这应该是外加磁场对样品磁矩取向一致的影响造成的。但是如果采用 0.1T 外场来进行相变温度的测试将不能获取正确的温度数据。当采用 0.5T 外场进行测试，可以看到此时马氏体磁性能已经明显高于奥氏体，并且在从奥氏体向马氏体转变的过程中，曲线与 0.01T 时的曲线出现反转。并且随着测试温度的降低，马氏体相的磁性能要远高于奥氏体相的，这与铁磁性材料低温磁化强度自旋波有关。尽管磁场只有 0.5T，但在 250K 已经获得了约 63emu/g 的磁化强度，与室温时 3T 外场的磁性能相当。

图 3.22 是同一样品在较高磁场下的热磁曲线，对比图 3.21 中较低磁场情况可以看到，当外加磁场为 1T、2T、3T 时，其热磁曲线在相变点附近仅有有限的热滞，并且在热磁曲线上表现为从高温母相向低温马氏体相转变时的温度高于从低温马氏体相向高温母相转变温度。当在 1T 外场冷却的情况下，在室温 300K 时，其磁化强度已经与饱和磁化强度基本一致，这与第 4 章中薄带样品在约 0.8T 时趋近饱和一致。当冷却至 250K 时，磁化强度约为 69.3emu/g，而当采用 2T 和 3T 冷却时，在该温度磁化强度为 71.3emu/g 和 72emu/g。同时可以看到此时如果用切线法来定义居里温度 T_C，将会发现 T_C 大大提高。同时需要注意，此时按照传统定义的 T_C 点磁化强度降为零将不成立，由于此时已经是在高温母

相,并且应该已经从铁磁奥氏体转变为顺磁奥氏体,因此该处的磁化强度是由于外磁场能量已经远远超出由于温度导致的磁无序状态能,从而使得该处的磁化强度不为"0"。

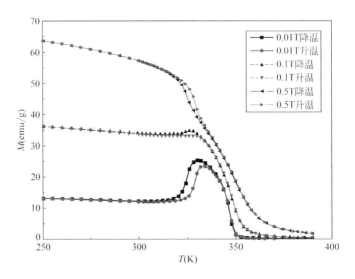

图 3.21 薄带样品在低场下的磁矩随温度变化曲线

Fig. 3.21 Magnetization-moment temperature curves of ribbon sample under low-field

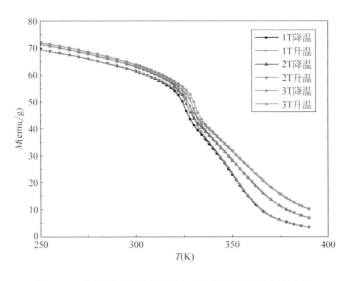

图 3.22 薄带样品在高场情况下的磁矩随温度变化曲线

Fig. 3.22 Magnetization-moment temperature curves of ribbon sample under high-field

第 3 章 Ni-Mn-Ga 合金薄带制备及磁电特性研究

文献[41-49]指出，外加磁场对马氏体的择优生长有明显影响。无外加磁场时从高温冷却下来形成的马氏体其正方轴沿各个方向随机分布，当试样在外磁场作用下冷却时，处于不利取向的马氏体核胚的成核及随后的长大过程将被抑制，因此，冷却时易磁化轴与外磁场平行的马氏体晶体的成核数目将大大增加，而且其长大过程将占主要地位。因此在饱和磁场下冷却时，具有低磁晶各向异性能的马氏体变体将占主要地位，导致具有择优取向的马氏体变体的形成，从而为试样在外磁场作用下冷却产生大的相变诱发应变提供支持。

磁场对铁磁性 Ni-Mn-Ga 形状记忆合金马氏体相变的影响研究虽然进行得比较广泛，但是目前一直没有一个比较规律性的总结。Jae-hoon Kim 等系统地研究了母相（P）、中间相（I）、不同马氏体相，包括 P-I-10M、P-14M-2M、P-2M 各种相变的相变温度在磁场下的变化。结果发现：对于 I-10M，P-14M 相变，相变温度在低磁场下随磁场降低，在强磁场下随磁场升高。表 3.4 为同一样品在不同外加磁场情况下的相变温度，从中可以看到，当磁场小于 0.5T 的情况下，测试中 M_s 呈现先降低再提高的变化趋势，当磁场从 1T 升高的过程，又呈现逐步增加的趋势。这与 Jae-hoon Kim 等的研究比较接近，但是由于我们测试的是多晶薄带样品，其取向性有优于普通块体材料，因此影响因素还有待进一步研究。

表 3.4 在不同磁场下薄带样品的 M_s、M_f、A_s、A_f 及 A_f-M_s

Table 3.4 M_s, M_f, A_s, A_f and A_f-M_s of ribbon sample under different magnetic field

磁场(T)	M_s (K)	M_f (K)	A_s (K)	A_f (K)	A_f-M_s (K)
3.00	328	324	328	332	4
2.00	329	323	326	332	3
1.00	327	322	326	330	3
0.50	328	322	326	330	2
0.10	327	318	315	329	2
0.01	329	320	325	332	3

关于 Ni-Mn-Ga 形状记忆合金中发生一级相变时平衡相变温度随磁场的变化关系可以用 Clausius-Clapeyron 方程描述：

$$\frac{dT_0}{dH} = -\frac{\Delta M}{\Delta S} \qquad (3.6)$$

式中，$\Delta M = M_L - M_H$ 为低温相（M_L）和高温相（M_H）磁化强度之差；ΔS 为两相的熵之差。

由于目前我们对相变点的测试采用的是热磁曲线，该方法对于高磁场情况下的相变点并不能准确测定，因此对磁场与相变的影响的研究工作还有待进一步加强。

3.4 Ni-Mn-Ga 合金薄带相变过程中磁电阻特性

磁电阻特性是磁性材料在外加磁场情况下，电阻随磁场变化的特性，其本质是磁性材料中自旋磁矩与材料的磁场方向平行的电子，所受散射概率远小于自旋磁矩与材料的磁场方向反平行的电子。在 Ni-Mn-Ga 合金中，马氏体相变过程中晶体结构经历从高温铁磁奥氏体相向低温马氏体相转变的过程，实验中合金试样室温马氏体相表现出 7M 马氏体结构，从 M-T 曲线分析中可以发现，相变进行中没有其他结构的马氏体相。已有研究表明在该相变过程中，磁电阻经历从奥氏体低电阻到马氏体高电阻的转变，但磁电阻（MR）仍表现出为负的特性。

图 3.23（b）是试样经历外加外场为零及外加磁场为 30kOe 的情况下的电阻随温度变化曲线。从图中可以看到，相变过程中电阻值变化与 M-T 变化一致。但是需要注意的是图中箭头所示位置，尽管在升温曲线中，$R(H,T)$ 与 $R(0,T)$ 曲线符合一致，但是在降温中，两者之间出现一定的偏移，两条曲线之间不再保持基本的相对平行，而是出现了一个小的分离现象，这说明在经历奥氏体到马氏体转变的过程中，由于结构及磁场驱动等原因，薄带内部由于磁场原因出现了微妙的变化。

图 3.23（c）是磁电阻特性曲线，利用测试数据，采用公式 MR(%)=[$R(H,T)$－$R(0,T)$]/$R(0,T)$×100% 进行计算，其中 $R(H,T)$ 和 $R(0,T)$ 对应的是外加磁场为 30kOe 及零场情况下不同温度处的电阻值。计算发现，在马氏体相变中出现了一种类似开关过程的磁电阻转换过程。尽管已有相关报道，但是对比已有研究，文献

中 MR 仅仅约为 0.5%，且发生在温度为 70K 左右的较低温度，而我们的结果在 325K，且 MR 约为 2%，远高于其他学者的研究结果。

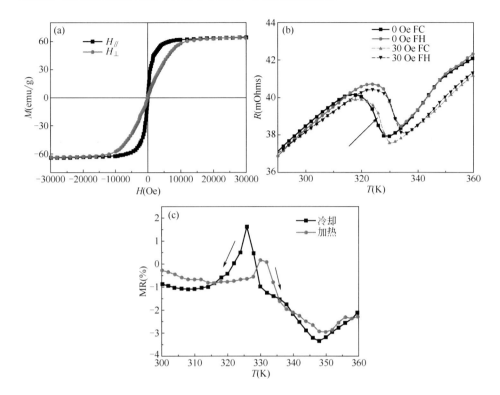

图 3.23　薄带 300K 是平行和垂直磁场磁化曲线（a），0 及 30kOe 磁场垂直试样相变过程中 R-T 曲线（b），300~360K 磁电阻随温度 MR-T 曲线

Fig. 3.23　The isothermal M-H curve with $H_{//}$ and $H_\perp$ directions at 300K(a), the R-T curves for the ribbon without and under a 30kOe $H_\perp$ direction(b), the MR-T curves with field along $H_\perp$ direction at 300-360K(c)

在马氏体相变过程中，磁电阻出现开关式的变化过程主要原因可能如下原因。

（1）$Ni_{53}Mn_{23.5}Ga_{23.5}$ 合金试样具有高的磁晶各向异性，同时具有晶粒贯穿薄带，内部一致，易于获得大的磁感应应变；在相变过程中，$Ni_{53}Mn_{23.5}Ga_{23.5}$ 在从高温奥氏体相向低温马氏体相转变的过程中，经历弹性模量软化过程，且由于奥氏体具有高对称性，而马氏体相中，晶格常数发生变化。

（2）在相变过程中，内应力释放，特别是在合金试样中，大的晶粒以及马氏体贯穿晶粒等，使得薄带试样易于转换，没有更多能量被消耗在相变内耗等过程；对比可以发现，在从马氏体相向奥氏体相转变的过程中，磁电阻并未与降温过程一致，这进一步与弹性模量软化相符合。

3.5 本章小结

本章主要研究热处理温度对 $Ni_{53}Mn_{23.5}Ga_{23.5}$（原子分数）7M 马氏体合金薄带的晶体结构，微观组织结构和相变温度及截面微结构及马氏体条带与磁畴的关系，为进一步揭示磁场驱动机理进行有益尝试。系统研究了 $Ni_{53}Mn_{23.5}Ga_{23.5}$（原子分数）7M 马氏体合金薄带在从马氏体相向奥氏体相转变过程中磁性能转变，利用扫描探针显微镜（SPM）变温附件对相变过程中马氏体结构与磁畴的变化进行原位观察，利用温度磁性能变化曲线（M-T）系统研究了外加磁场变化对马氏体相变温度的影响，主要结论如下。

（1）$Ni_{53}Mn_{23.5}Ga_{23.5}$ 合金薄带为 7 层调制的体心正交结构，其晶格常数与热处理温度有关；晶格常数的变化对材料的磁性能特别是磁晶各向异性常数有显著的影响。

（2）$Ni_{53}Mn_{23.5}Ga_{23.5}$ 合金薄带经 1073K 热处理 1h 后，可以使其完全晶化，在相变过程中马氏体转化热滞小，约为 4.8K，其居里温度约为 345K，而低于 1073K 热处理 1h 后的合金薄带，未完全晶化；晶体晶粒随着热处理温度的升高，愈加粗大，经 1073K 热处理 1h 后的合金薄带，晶粒显示为粗大的等轴晶。

（3）利用趋近饱和定律对 1073K 热处理样品的磁晶各向异性常数进行拟合，结果为 $2.24 \times 10^5 J/m^3$ 与 7M 单晶中磁晶各向异性常数在同一数量级。

（4）$Ni_{53}Mn_{23.5}Ga_{23.5}$ 合金薄带经 1073K 热处理 1h 后，具有优异的磁性能，其饱和磁化强度最大，而剩磁和矫顽力最小，具有优异的磁驱动特性。

（5）经 1073K 热处理 1h 合金薄带中观察到了典型的马氏体贯穿晶界区域和自协作马氏体，变体内部由平行的马氏体板条组成。这为进一步磁场驱动马氏体研究提供基础。

（6）原位观察薄带样品在从马氏体相向奥氏体相转变时，板条状马氏体消失的同时，磁畴壁发生反转，磁畴转变为面内。首次在原位观察薄带样品升温过程中板条状马氏体消失区域，继续升温过程中看到有斑点状的晶核出现，当温度升高后消失。

（7）存在马氏体贯穿晶界的区域，板条状马氏体和磁畴结构消失存在超前和滞后现象，这应该是磁性形状记忆合金的马氏体穿晶现象有关。

（8）外加磁场对 Ni-Mn-Ga 薄带相变温度有一定影响，当磁场小于 0.5T 的情况下，测试中 M_s 呈现先降低再提高的变化趋势，当磁场从 1T 升高的过程，又呈现逐步增加的趋势。

（9）$Ni_{53}Mn_{23.5}Ga_{23.5}$ 合金条带在相变过程中，观察到正、负切换的磁电阻特性，并利用晶体结构、磁电阻机理及弹性模量软化等进行了初步解释。

参考文献

[1] 郭世海, 张羊换, 王国清, 等. 淬速对 Ni_2Mn_2Ga 快淬合金相变的影响[J]. 中国有色金属学报, 2005, 15 (11): 1755-1760.

[2] V Recarte J I P´, erez-Landaz´ abal, Gomez-Polo. High temperature atomic rearrange- ments in melt-spun Ni-Mn-Ga ribbons[J]. Materials Science and EngineeringA, 2006 (438-440): 927-930.

[3] Feng Y, Sui J H, Chen L, Cai W. Martensitic transformation behaviors and magnetics properties of Ni-Mn-Ga rapidly quenched ribbons[J]. Materials Letters, 2009 (63): 965 -968.

[4] Sozinov A, Likhachev A A, Lanska N. Giant Magnetic-field-induced Strain in NiMnGa Seven-layered Martensitic Phase [J]. Applied Physics Letters, 2002 (80): 1746-1748.

[5] Gonzalez A, Obrado E, Manosa L, Planes A, Chernenko V A. Premartensitic and Martensitic Phase Transitions inFerromagnetic Ni_2MnGa[J]. Physics Review, 1999 (60): 7085-7090.

[6] Yang S Y, Wang C P, Liu X J. Phase equilibria and composition dependence of martensitic transformationin Ni-Mn-Ga ternary system[J]. Intermetallics, 2012 (58): 1- 8.

[7] Buschbeck J, Niemann R, Heczko O, Thomas M, Schultz L, Fähler S S. In situ studies of the martensitic transformation in epitaxial Ni-Mn-Ga films[J]. Acta Materialia, 2009(57): 2516-2526.

[8] 陈龙. Ni-Mn-Ga 合金薄带的马氏体相变与组织结构[D]. 哈尔滨: 哈尔滨工业大学, 2007.

[9] Xuan H C, Xie K X, Wang D H, Han Z D. Effect of annealing on the martensitic transformation

and magneto caloric effect in $Ni_{44.1}Mn_{44.2}Sn_{11.7}$ ribbons[J]. Applied Physics Letters, 2008 (92): 242506.

[10] Deng Y A, Ansell G S. Boundary friction for thermoelastic martensitic transformations[J]. Acta Metallurgica et Materialia, 1990, 39 (8): 1995-1999.

[11] 王文洪, 柳祝红, 陈京兰, 吴光恒. 铁磁形状记忆合金 $Ni_{52.5}Mn_{23.5}Ga_{24}$ 马氏体相变热滞后的研究[J]. 物理学报, 2002, 51 (3): 635-639.

[12] Teferi M Y, Amaral V S, Lounrenco A C. Magnetoelectric coupling in multiferroic hetero-structure of r. f-sputtered Ni-Mn-Ga thin film on PMN-PT[J]. Journal of Magnetism and Magnetic Materials, 2012 (324): 1882-1886.

[13] Kissinger H E. Reaction Kinetics in Differential Thermal Analysis[J]. Analytical Chemistry, 1957 (29): 1702-1706.

[14] Thomas M, Heczko O, Buschbeck J, Rößler U K. Magnetically induced reorientation of martensite variants in constrained epitaxial Ni-Mn-Ga films grown on MgO (001)[J]. New Journal of Physics, 2008 (10): 023-040.

[15] Michael Thomas, Oleg Heczko, JörgBuschbeck. Stray-Field-Induced Actuation of Free-Standing Magnetic Shape-Memory Films[J]. Advanced Materials, 2009, 21 (36): 3708-3711.

[16] Gao Z Y, Dong G F, Cai W. Martensitic transformation and mechanical properties in an aged Ni-Mn-Ga-Ti ferromagnetic shape memory alloy[J]. Journal of Alloys and Compounds, 2009 (10): 538-544.

[17] Kokorin V V, Konoplyuk S M, Perekos A E. Martensitic transformation temperature hysteresis narrowing and magnetocaloric effect in ferromagnetic shape memory alloys Ni-Mn-Ga[J]. Journal of Magnetism and Magnetic Materials, 2009 (321): 782-785.

[18] Ibarr A, San Juan J, Bocanegra E H. Martensite nucleation on dislocations in Cu-Al-Ni shape memory alloys[J]. Applied Physics, 2007 (90): 907-911.

[19] Picornell C, Pons J, Cesari E, Dutkiewicz J. Thermal characteristics of Ni-Fe-Ga-Mn and Ni-Fe-Ga-Co ferromagnetic shape memory alloys[J]. Intermetallics, 2008 (16): 751-756.

[20] Suorsa I, Tellinen J, Aaltio I, Pagounis E, Ullakko K. Design of active elementfor MSM actuator[J]. Proc. Actuator, 2004 (204): 573-530.

[21] Khovailo V V. Proceedings of the second International Conference on the Magnetic Refrigeration at Room Temperature[R]. Portoroz Slovenia, 2007 (83): 11-13.

[22] Liu G D, Chen J L, Liu Z H, Dai X F, Wu G H, Zhang B, Zhang X X. Structural transformations in Mn_2NiGa due to residual stress[J]. Applied Physics Letters, 2005 (87): 262504-262507.

[23] Liu G D, Dai X F, Yu S Y, Zhu Z Y. Physical and electronic structure and magnetism of Mn_2NiGa: Experiment and density-functional theory calculations[J]. Physics Review, 2006 (B74): 054435-054441.

[24] Song H Z, Li Y X, Zeng J T, Li G R, Yin Q R. Observation of magnetic domain structure in Terfenol-D by scanning electron acoustic microscopy[J]. Journal of Magnetism and Magnetic Materials, 2008 (320): 978-982.

[25] Zhang J, Cai W, Gao Z Y, Sui J H. Microstructures and magnetic property in Mn-rich off-stoichiometric Mn_2NiGa Heusler alloys[J]. ScriptaMaterialia, 2008 (58): 798-801.

[26] Kaufmann S, Heczko O, Wuttig M, Buschbeck J, Schultz L, Fähler S. Adaptive modulations of martensites[J]. Physical Review Letters, Physics Review Letter, 2010, 104 (14): 145702.

[27] Lvov V A, Gomonaj E V, Chernenko V A. A phenomenological model of ferromagnetic martensite[J]. Journal of Physics Condensed Matter, 1998, 10 (21): 4587-4596.

[28] Chernenko V A, Lvov V A. Magnetic domains in the easy-plane ferromagnetic martensite[J]. ScriptaMaterialia, 2006, 4 (55): 307-309.

[29] Chernenko V A, Lopez Anton R, Kohl M. Structural and magnetic characterization of martensitic Ni-Mn-Ga thin films deposited on Mo foil[J]. Acta Materialia, 2006 (54): 5461-5467.

[30] Onisan A T, Bogdanov A N, et. al. Domain model for the magnetic shape-memory effectin non-modulated tetragonal Ni-Mn-Ga[J]. Journal of Physics: Conference Series, 2011 (303): 012083.

[31] Hubert A, Schäfer R. Domains in soft magnetic materials[J]. Magnetic domains, 1998 (8): 283-290.

[32] Sozinov A, Likhachev A A, Lanska N, Söderberg O, Ullakko K, Lindroos V K. Effect of crystal structure on magnetic-field-induced strain in Ni-Mn-Ga[J]. Smart Structures and Materials, 2003 (5053): 586-594.

[33] Lanska N, Söderberg O, Sozinov A, Ge Y, Ullakko K. Composition and temperature dependence of the crystal structureof Ni-Mn-Ga alloys[J]. Applied physics, 2004, 95 (12): 8074-8078.

[34] Glavatska N, Glavatsky I. Mogilny G. Magneto-thermal shape memory effect in Ni-Mn-Ga[J]. Applied Physics Letters, 2002, 80 (19): 3533.

[35] Cui Y T, You S Q, Wu L, Ma Y. Large Magnetic Entropy Change and Magnetic-ControlledShape Memory Effect in Single Crystal $Ni_{46}Mn_{35}Ga_{19}$[J]. Rare Metal Materials and Engineering, 2010, 39 (2): 0189-0193.

[36] Teodor Breczko, Svetlana I, Yashenko. Thermomagnetic analysis and domain structure in the phase transition region of Ni-Mn-Ga and Co-Ni-Ga shape memory alloys[J]. Review Advanced Materials Science, 2009 (20): 101-106.

[37] Song H Z, Zeng H R, LI Y X. Ferroic domain characterization of $Ni_{55}Mn_{20.6}Ga_{24.4}$ ferromagnetic shape memory alloy[J]. Transactions of Nonferrous Metals Society of China, 2011, 21 (9): 2015-2019.

[38] 高智勇, 陈枫, 蔡伟, 等. 外磁场对 Ni-Mn-Ga 磁性形状记忆合金相变应变及显微组织的影响[J]. 功能材料, 2003, 3 (34): 284-287.

[39] 柳祝红, 吴光恒, 王文洪, 陈京兰. 内应力对铁磁性形状记忆合金 Ni_2Mn_2Ga 马氏体相变路径的影响[J]. 物理学报, 2002, 51 (3): 640-645.

[40] 吴光恒. Heusler 合金的制备、完整性表征和新材料探索[R]. 北京: 中国科学院人事教育局, 2002.

[41] Ma Y Q, Lai S L, Yang S Y, Luo Y. $Ni_{56}Mn_{25-x}Cr_xGa_{19}$ (x=0, 2, 4, 6)high temperature shape memory alloys[J]. Transactions of Nonferrous Metals Society of China, 2011, 21 (1): 96-101.

[42] 郭世海, 张羊换, 李健靓, 等. 掺杂元素对 Ni-Mn-Ga 合金马氏体相变和磁性能的影响[J]. 功能材料 (增刊), 2004 (35): 1625-1628.

[43] Tomoyuki Kakeshita, Jae-Hoon Kim, Takashi Fukuda. Microstructure and transformation temperature in alloys with a large magnetocrystalline anisotropy under external fields[J]. Materials Science and Engineering: A, 2008 (481-482): 40-48.

[44] Kokorin V V, Wuttig M. Magnetostriction in Ferromagnetic Shape Memory Alloys[J]. Magnetism and Magnetic Materials, 2001 (234): 25-30.

[45] Gao Z Y, Cai W, Zhao L C, Wu G H, Chen J L, Zhan W S. Effect ofExternal Stress and Bias Magnetic Field on the Transformation Strain of the Heusler Alloy Ni-Mn-Ga[J]. Transactions of Nonferrous Metals Society of China, 2003 (13): 42-45.

[46] 高智勇. Ni-Mn-Ga 磁性形状记忆合金的马氏体相变与磁感生应变[D]. 哈尔滨: 哈尔滨业

大学工学, 2003.

[47] Zheludev A, Shapiro S M, Wochner P. Phonon anomaly, central peak, and microstructures in Ni$_2$MnGa [J]. Physical Review: B, 1995 (51): 11310-11314.

[48] Cesari E, Chernenko V A, Kokorin V V. Internal friction associated with the structural phase transformations in Ni-Mn-Ga alloys [J]. Acta Materialia, 1997 (45): 999-1004.

[49] Inoue K, Enam K, Yamaguch Y. Magnetic field-induced martensitic transformation in Ni$_2$MnG abased alloys [J]. Journal of the Physical Society of Japan, 2000 (69): 3485-3488.

[50] Cherechukin A A, Dikshtein I E, Ermakov D I, Glebov A V. Shape memory effect due to magnetic field induced thermoelastic martensitic transformation in polycrystalline Ni-Mn-Fe-Ga alloy [J]. Physics Letters: A, 2001 (291): 175-183.

[51] Dikshte I N, Koledov V, Shavrov V. Phase transitions in intermetallic compounds N i-Mn-Ga with shape memory effect [J]. IEEE Transactions on Magnetics, 1999 (35): 3811-3813.

[52] Kim J H, Inaba F, Fukuda T. Effect of magnetic field on martensitic transformation temperature in Ni-Mn-Ga ferromagnetic shape memory alloys [J]. Acta Materialia, 2006 (54): 493-499.

[53] 王刚, 王沿东, 徐家桢. Ni-Mn-Ga 合金相变过程的高能 X 射线原位研究 [R]. 上海: 中国物理学会 X 射线衍射专业委员会, 2009.

[54] Kimura A, Ye M, Taniguchi M, Ikenaga E, Barandiarán J M, Chernenko V A. Lattice instability of Ni-Mn-Ga ferromagnetic shape memory alloys probed by hard X-ray photoelectron spectroscopy[J]. Applied Physics Letters, 2013 (103): 072403.

[55] Barandiarán J M, Chernenko V A, Lázpita P, Gutiérrez J, Feuchtwanger J. Effect of martensitic transformation and magnetic field on transport properties of Ni-Mn-Ga and Ni-Fe-Ga Heusler alloys[J]. Physical Review: B, 2009 (80).

[56] Banik S, Rawat R, Mukhopadhyay P K, Ahuja B L, Chakrabarti A, Paulose P L, Singh S, Singh A K, Pandey D, Barman S R. Magnetoresistance behavior of ferromagnetic shape memory alloy Ni$_{1.75}$Mn$_{1.25}$Ga[J]. Physical Review: B, 2008 (77).

[57] Singh S, Rawat R, Barman S R. Existence of modulated structure and negative magnetoresistance in Ga excess Ni-Mn-Ga[J]. Applied Physics Letters, 2011 (99): 021902.

第 4 章

Ni-Mn-Ga 薄膜磁电特性及反常霍尔效应研究

4.1 引言

二维铁磁形状记忆合金（FSMA）对于下一代自旋电子和微电子器件应用的发展有很大作用。基于 Ni-Mn-X 的哈斯勒合金的 FSMA 在铁磁奥氏体和顺磁马氏体相之间经历了一级马氏体转变（MT），并且表现出形状记忆效应和磁性。它可用于制造电流感应磁化开关器件、磁随机存取存储器、磁振荡器和磁传感器等。外延生长提供了结晶学上良好定向的薄膜的可能性。可以在磁场下控制孪晶结构和重定向机构。到目前为止，已经进行了许多工作来揭示外延 Ni-Mn-Ga 薄膜中马氏体变体的微观结构和晶体结构。众所周知，具有高自旋极化的哈斯勒合金的 AHE 很大。然而到目前为止很少有关于 Ni-Mn-Ga 薄膜的 AHE 的报道。在本章中，我们研究了在 MgO(001) 衬底上外延生长的 Ni-Mn-Ga 薄膜在其马氏体转变期间的 AHE，并详细分析了 AHE 理论机制。此外，我们还分析了薄膜的微观结构，马氏体相变和磁电阻及反常霍尔效应。

与 Ni-Mn-Ga 块体相比，Ni-Mn-Ga 薄膜可以直接用于 MEMS 系统中，已成为磁传感器和驱动器的优选材料。托马斯（Thomas）等已经在外延生长 Ni-Mn-Ga 薄膜中观察到磁场诱发马氏体变体重取向，并且设计出相应的微驱动器模型。

第4章 Ni-Mn-Ga 薄膜磁电特性及反常霍尔效应研究

迄今科学家已经对 Ni-Mn-Ga 薄膜的制备工艺、晶体学表征、微观组织及马氏体相变进行了大量研究。

根据文献报道，用来制备 Ni-Mn-Ga 薄膜的方法主要有磁控溅射、脉冲激光沉积、分子束外延等。脉冲激光沉积技术的脉冲激光功率较大，所得薄膜质量较差，容易在薄膜表面残存微米或亚微米级别的颗粒。虽然分子束外延技术具有制备大磁感应应变薄膜的潜力，但是其制膜方法对技术条件要求很高，限制了该技术在实际生产中的应用。与磁控溅射技术相比，脉冲激光沉积技术和分子束外延技术都不是制备 Ni-Mn-Ga 合金薄膜最常用的技术。从近几年有关 Ni-Mn-Ga 合金薄膜的研究报道可以看出，磁控溅射技术是制备 Ni-Mn-Ga 薄膜最为常用且最为成功的技术。迄今众多研究者通过大量的实验已经掌握制备成分与厚度可控 Ni-Mn-Ga 薄膜的磁控溅射工艺参数。

本章采用直流磁控溅射制备成功制备外延生长的两个 Ni-Mn-Ga 薄膜样品，标称厚度为100nm，原子分数分别为 $Ni_{46.7}Mn_{31.7}Ga_{21.6}$ 和 $Ni_{47.8}Mn_{30.8}Ga_{21.4}$。

4.2 Ni_2MnGa 合金薄膜的微观组织

图 4.1 所示为两个薄膜样品的扫描电子显微图像，其中图 4.1（a）和（c）为 $Ni_{46.7}Mn_{31.7}Ga_{21.6}$ 薄膜的 SEM 图像，放大倍数分别为 500 和 5000 倍，（b）和（d）为 $Ni_{47.8}Mn_{30.8}Ga_{21.4}$ 薄膜的 SEM 照片，放大倍数同样分别为 500 和 5000 倍。在微观结构观察之前，在室温、12V 电压下用 20%硝酸酒精对薄膜样品进行电解抛光。在图 4.1（a）和（c）中可以观察到 $Ni_{46.7}Mn_{31.7}Ga_{21.6}$ 薄膜具有明亮且平坦的表面微结构。在室温下，整个薄膜的表面是奥氏体相，薄膜上没有马氏体相。图 4.1（c）中可以观察到表面有一些小颗粒，这些颗粒经过能谱分析鉴定为富含 Ni 的沉淀物，其具有无序的面心立方晶体结构。图 4.1（b）显示了在室温下电解抛光 $Ni_{47.8}Mn_{30.8}Ga_{21.4}$ 薄膜的 7M 马氏体板的 SEM 图像。$Ni_{47.8}Mn_{30.8}Ga_{21.4}$ 薄膜与 $Ni_{46.7}Mn_{31.7}Ga_{21.6}$ 薄膜不同，发现了马氏体板。可以发现，薄膜的生长具有明显的取向性。进一步扩大马氏体板，如图 4.1（d）所示，可以看出该板被分成两个区域：低相对对比区域和高相对对比区域。低相对对比区域是长直板条，并且其平行于基板的边缘。而高相对对比区域为较短且弯曲

的板条，并且这些板条定向地与基板的边缘成特定角度（约 45°）。除此之外，在图 4.1（d）中同样可以观察到一些小颗粒，这些颗粒被鉴定为富含 Ni 的沉淀物，具有无序的面心立方晶体结构。

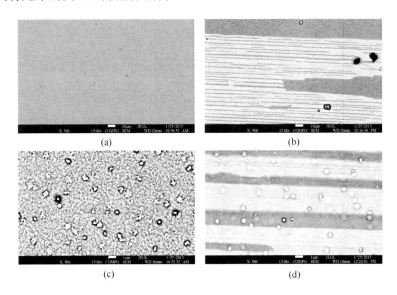

图 4.1 电解抛光后 $Ni_{46.7}Mn_{31.7}Ga_{21.6}$ 薄膜（a）、（c），$Ni_{47.8}Mn_{30.8}Ga_{21.4}$ 薄膜（b）、（d）的 SEM 图像

Fig. 4.1 The SEM images of $Ni_{46.7}Mn_{31.7}Ga_{21.6}$ film (a) (c) and $Ni_{47.8}Mn_{30.8}Ga_{21.4}$ (b) (d) film after electrolytic polishing

4.3 Ni_2MnGa 合金薄膜相变特性研究

图 4.2 显示了在 0.1kOe 的外磁场下加热和冷却过程中，$Ni_{46.7}Mn_{31.7}Ga_{21.6}$ 薄膜磁化强度对温度依赖性的曲线（M-T），测试温度区间为 150～75K，升降温速率为 2K/min。从图 4.2 可以看出，在存在 0.1kOe 外部磁场的情况下，随着温度的降低，奥氏体相经历从顺磁到铁磁的居里过渡。磁矩下降最快的点是居里温度，通过 M-T 曲线绘制(dM/dT)-T 曲线，曲线的最低点是居里温度。随着温度的进一步降低，磁化强度从铁磁奥氏体转变为弱磁性马氏体，这是由于奥氏体相

向马氏体相转变的结构转变。从 M-T 曲线中可以估算出一级马氏体转变起始温度（M_s），马氏体转变终止温度（M_f），奥氏体转变起始温度（A_s），奥氏体转变终止温度（A_f）以及奥氏体相的居里温度（T_C^A），这些转变温度见表 4.1。通过获得的转变温度我们可以计算加热和冷却循环过程中，薄膜样品表现出非常小的热滞后（A_f-M_s=6.3K 和 A_s-M_f=8.5K），以及该样品的转变间隔温度区间（M_s-M_f=22.1K 和 A_f-A_s=19.9K）。同时在 T_A^C 附近没有观察到热滞后现象。$Ni_{46.7}Mn_{31.7}Ga_{21.6}$ 薄膜具有明显的马氏体转变，而且其具有非常小的一个热滞后，这使得其可以减少作为致动器或传感器材料的相变响应时间，从而可以更好地应用于实际中。

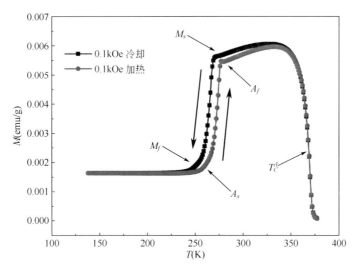

图 4.2　$Ni_{46.7}Mn_{31.7}Ga_{21.6}$ 薄膜在 0.1kOe 磁场中加热和冷却时的磁化强度与温度的关系

Fig. 4.2　The M-T curves for $Ni_{46.7}Mn_{31.7}Ga_{21.6}$ film on heating and cooling under a magnetic field of 0.1kOe

图 4.3 为在 0.1kOe 的外磁场下加热和冷却（150~375K）过程中，$Ni_{47.8}Mn_{30.8}Ga_{21.4}$ 薄膜磁化强度对温度依赖性的曲线（M-T），升降温速率为 2K/min。从图中可以看到随着温度的降低，$Ni_{47.8}Mn_{30.8}Ga_{21.4}$ 薄膜奥氏体相同样经历从顺磁到铁磁的居里过渡，并随着温度的进一步降低，再从铁磁奥氏体转变为弱磁性马氏体，其具有明显的马氏体转变。相对于 $Ni_{46.7}Mn_{31.7}Ga_{21.6}$ 薄膜来说，$Ni_{47.8}Mn_{30.8}Ga_{21.4}$ 薄膜的马氏体转变在室温附近。从 M-T 曲线中可以估算出 M_s，M_f，A_s，A_f 和 T_C^A 的值，转变温度见表 4.2。同样地，通过这些

转变温度可以计算得出一个很小的热滞后（A_f-M_s=3.5K 和 A_s-M_f=4.3K）以及其转变间隔温度区间（M_s-M_f=38.1K 和 A_f-A_s=37.3K）。相对于 $Ni_{46.7}Mn_{31.7}Ga_{21.6}$ 薄膜来说，该薄膜具有更小的热滞后以及更大的转变间隔温度区间，证明其可以在减小致动器或传感器材料的相变响应时间同时可以在一个更宽的温度区间工作。

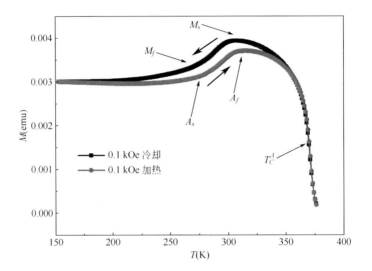

图 4.3 $Ni_{47.8}Mn_{30.8}Ga_{21.4}$ 薄膜在 0.1kOe 磁场中加热和冷却时的磁化强度与温度的关系图

Fig. 4.3 The M-T curves for $Ni_{47.8}Mn_{30.8}Ga_{21.4}$ film on heating and cooling under a magnetic field of 0.1kOe

表 4.2 $Ni_{46.7}Mn_{31.7}Ga_{21.6}$ 薄膜和 $Ni_{47.8}Mn_{30.8}Ga_{21.4}$ 薄膜在 0.1kOe 磁场中的马氏体起始温度（M_s），马氏体终点温度（M_f），奥氏体起始温度（A_s），奥氏体终点温度（A_f）以及奥氏体的居里温度（T_C^A）　　（单位：K）

Table 4.2 The values of martensitic start temperature (M_s), martensitic finish temperature (M_f), austenitic start temperature (A_s), austenitic finish temperature (A_f) and Curie temperature of austenite (T_C^A) in 0.1kOe for $Ni_{46.7}Mn_{31.7}Ga_{21.6}$ and $Ni_{47.8}Mn_{30.8}Ga_{21.4}$ films

样品	M_s	M_f	A	A_f	T_C^A
$Ni_{46.7}Mn_{31.7}Ga_{21.6}$	273.3	251.2	259.7	279.6	370.2
$Ni_{47.8}Mn_{30.8}Ga_{21.4}$	308.7	270.6	274.9	312.2	371.4

4.4 Ni$_2$MnGa 合金薄膜的磁性能

为了研究在马氏体转变过程中薄膜的磁性能，对 Ni$_{46.7}$Mn$_{31.7}$Ga$_{21.6}$ 薄膜在 220~300K 之间、温度间隔为 20K、磁场范围在-30~30kOe 下测试了其等温磁化曲线（M-H），如图 4.4 所示。在测试过程中所有数据都是在降温过程中获得的。从图中可以看到磁化曲线在所有温度下都表现出非常小的滞后现象，这表明样品在奥氏体相和马氏体相中都是软铁磁体。在相同的温度下，随着外部磁场的增加，饱和磁化强度逐渐接近稳定值。可以观察到 220~280K 之间需要约 1.5kOe 的外部磁场才能达到饱和磁化。而在 280~300K 之间，饱和磁化的实现依靠一个非常小的外部磁场（约 0.5kOe）就可以。同时随着温度的升高，饱和磁化强度降低。图 4.4 中插图所示为 Ni$_{46.7}$Mn$_{31.7}$Ga$_{21.6}$ 样品磁化曲线在低场下（-1~1kOe）的局部放大图，可以发现该薄膜在马氏体转变过程中具有很小的一个矫顽力（H_c），H_c 的值约为 90Oe。低矫顽力有助于减少相转变循环期间的磁滞损耗。而在低温的马氏体状态其矫顽力的值约为 180Oe，证明薄膜中马氏体转变可以影响其矫顽力的大小。表 4.3 为 Ni$_{46.7}$Mn$_{31.7}$Ga$_{21.6}$ 薄膜不同测试温度下的磁参量。

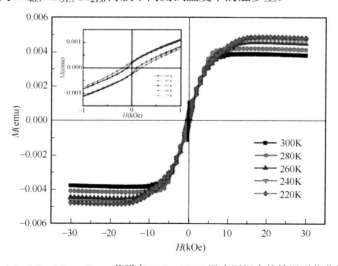

图 4.4 Ni$_{46.7}$Mn$_{31.7}$Ga$_{21.6}$ 薄膜在 220~300K 温度区间内的等温磁化曲线
Fig. 4.4 The isothermal magnetization curves of Ni$_{46.7}$Mn$_{31.7}$Ga$_{21.6}$ film at temperatures between 220K and 300K

表 4.3　不同测试温度下 $Ni_{46.7}Mn_{31.7}Ga_{21.6}$ 薄膜的磁参量

Table 4.3　Magnetic Parameters of $Ni_{46.7}Mn_{31.7}Ga_{21.6}$ film at different temperatures

磁参量	T(K)				
	220	240	260	280	300
M_s (×10^{-3}emu)	4.9	4.7	4.5	4.2	3.9
M_r (×10^{-4}emu)	2.6	2.5	2.4	2.1	1.9
H_c (Oe)	204.5	182.7	121.2	92.4	86.1

图 4.5 所示为 $Ni_{47.8}Mn_{30.8}Ga_{21.4}$ 膜在 240～380K 之间，温度间隔为 20K，磁场范围在 -30～30kOe 下测试了其等温磁化曲线（M-H），测试过程中所有数据都是在降温过程中获得的。从图中可以看到，磁化曲线在不同温度下的磁滞都很小。并且薄膜的磁化行为表现出在 380K 时（在薄膜的 T_C^A 附近）具有小磁化的直线行为，此时即使一个很大的外加磁场也无法使薄膜的磁化强度达到饱和，表明在 380K 附近发生了铁磁性到顺磁性的转变。而在 360K 时呈现非线性，并且随着温度的降低逐渐转变为"S"形。与 $Ni_{46.7}Mn_{31.7}Ga_{21.6}$ 薄膜相同，饱和磁化强度随着温度的升高而降低。不同的是当温度升高时，达到饱和磁化强度所需要的外场逐渐减小。360K 时大概需要 0.3kOe 的外场就可以达到饱和磁化，而在 240K 时则需要超过 10kOe 的外加场才能达到饱和磁化。同时，在相同温

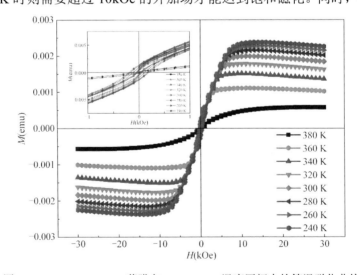

图 4.5　$Ni_{47.8}Mn_{30.8}Ga_{21.4}$ 薄膜在 240～380K 温度区间内的等温磁化曲线

Fig. 4.5　The isothermal magnetization curves of $Ni_{47.8}Mn_{30.8}Ga_{21.4}$ film at temperatures between 240K and 380K

度下当薄膜达到磁化饱和后，随着施加的磁场的增加，磁化强度将略微降低。图 4.5 中插图所示为 $Ni_{47.8}Mn_{30.8}Ga_{21.4}$ 薄膜磁化曲线在低场下（-1~1kOe）的局部放大图，从图中我们可以看到在马氏体和转变过程中 H_c 很小，约为 70Oe，相较于 $Ni_{46.7}Mn_{31.7}Ga_{21.6}$ 薄膜，其 H_c 更小。而在低温马氏体状态下的 H_c 约为 150Oe，相对于 $Ni_{46.7}Mn_{31.7}Ga_{21.6}$ 薄膜更小。低矫顽力的实现有助于减少相转变循环期间的磁滞损耗，从而提高材料的使用性能。充分保证薄膜作为磁性形状记忆合金能够获得大的响应频率以及较小的驱动磁场。表 4.4 为 $Ni_{47.8}Mn_{30.8}Ga_{21.4}$ 薄膜不同测试温度下的磁参量。

表 4.4 不同测试温度下 $Ni_{47.8}Mn_{30.8}Ga_{21.4}$ 薄膜的磁参量

Table 4.4 Magnetic Parameters of $Ni_{47.8}Mn_{30.8}Ga_{21.4}$ film at different temperatures

磁参量	T(K)						
	240	260	280	300	320	340	360
M_s (emu$\times 10^{-3}$)	2.4	2.3	2.2	2.0	1.8	1.5	1.1
M_r (emu$\times 10^{-5}$)	13.8	12.2	9.5	6.5	4.9	3.8	2.8
H_c (Oe)	194.4	165.3	113.7	68.2	48.5	39.3	30.2

4.5 Ni-Mn-Ga 薄膜的磁电阻特性

图 4.6（a）所示为 $Ni_{46.7}Mn_{31.7}Ga_{21.6}$ 薄膜在零磁场和 30kOe 下在加热和冷却过程中（200~375K），电阻随温度变化的曲线（R-T），升降温速率为 2K/min。马氏体和奥氏体的起始或终止温度也可以由 R-T 曲线确定，该曲线判断的转变温度与从之前实验的 M-T 曲线中获得的转变温度处在同一个范围之内。同时可以看到施加外磁场可以改变转变温度，使得转变温度向低温方向移动。薄膜电阻在马氏体相时处于较大的值，随着温度的升高电阻值降低，而在马氏体相变结束点附近时，电阻值最小。这种在马氏体转变完成前随着温度升高电阻减小的现象表现出类似半导体的电阻-温度特性。继续升高温度电阻呈现增大的趋势，此时表现出明显的金属电阻-温度特性。薄膜电阻的变化与磁场诱导马氏体转变有关，这种一级转变通常使得电阻值的急剧变化。图 4.6（b）所示为 $Ni_{46.7}Mn_{31.7}Ga_{21.6}$ 薄膜的磁电阻随温度（MR-T）变化的曲线，MR 的计算根据不同磁场下的 R-T 曲线得出，公式如下：

$$\mathrm{MR} = [R(H) - R(0)] / R(0) \times 100\% \qquad (4.1)$$

式中，$R(H)$为存在外场情况下在不同温度得到的电阻值；$R(0)$为零场下在不同温度下得到的电阻值。MR 的绝对值为表征薄膜电阻特性的一个重要参数，而 MR 的绝对值越大说明薄膜的电阻性能越好。由图 4.6（b），在 30kOe 的外场下马氏体转变过程中 MR 的值约为-0.6%，而在磁性转变的居里点附近的磁电阻约为-2.0%。此处负的 MR 起源主要是由于自旋相关散射的减少。

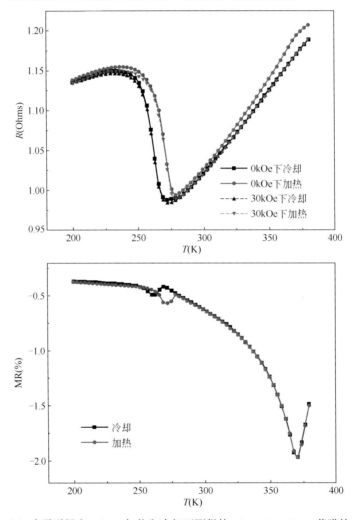

图 4.6 （a）在零磁场和 30kOe 加热和冷却下测得的 $Ni_{46.7}Mn_{31.7}Ga_{21.6}$ 薄膜的 R-T 曲线
（b）在加热和冷却过程中，30kOe 下 $Ni_{46.7}Mn_{31.7}Ga_{21.6}$ 薄膜的 MR-T 曲线
Fig. 4.6 (a) The R-T curves for $Ni_{46.7}Mn_{31.7}Ga_{21.6}$ film measured under zero magnetic field and 30kOe on heating and cooling. (b) The MR-T curves for $Ni_{46.7}Mn_{31.7}Ga_{21.6}$ film under 30kOe on heating and cooling

第4章 Ni-Mn-Ga薄膜磁电特性及反常霍尔效应研究

图4.7（a）所示为$Ni_{47.8}Mn_{30.8}Ga_{21.4}$薄膜在零磁场和30kOe下在加热和冷却过程中（200～375K）电阻随温度变化的曲线（R-T），升降温速率为2K/min。由图可知，通过R-T曲线可以确定奥氏体和马氏体的起始和终止温度，该曲线判断的转变温度与从之前实验的M-T曲线中获得的转变温度处在同一个范围之内。施加外磁场可以使得相转变温度略微向低温方向移动。与$Ni_{46.7}Mn_{31.7}Ga_{21.6}$薄膜不同的是，随着温度的升高，在马氏体转变开始之前电阻增大，而在马氏体转变的过程中电阻呈下降的趋势，并在马氏体转变终止温度附近电阻值较小。随着温度的进一步升高，电阻的值随之增大。通过以上分析可知，在马氏体转变温度附近磁场可以诱导马氏体相转变为奥氏体相，从而导致电阻降低，所以电阻在马氏体转变过程中会呈一个下降的趋势。图4.7（b）所示为经计算得到的$Ni_{47.8}Mn_{30.8}Ga_{21.4}$薄膜的磁电阻随温度（MR-T）变化的曲线，在30kOe的外场下马氏体转变过程中MR的值约为-0.8%，而在磁性转变的居里点附近的磁电阻约为-2.9%。相对于$Ni_{46.7}Mn_{31.7}Ga_{21.6}$薄膜来说，其MR的绝对值大小有所提高。而在马氏体相变区域的磁电阻效应主要来源于磁场驱动马氏体相变过程中结构效应，导致传导电子的重新分配并使得马氏体与奥氏体相界面产生散射效应。在非马氏体转变区域的磁电阻主要是因为晶体内磁畴的混乱排列以及不同方向的原子磁矩导致传导过程中电子散射增大。

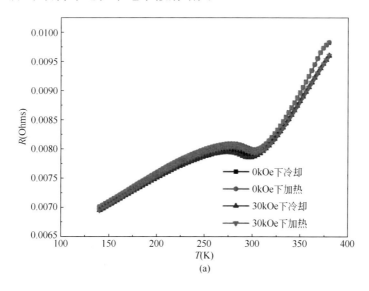

(a)

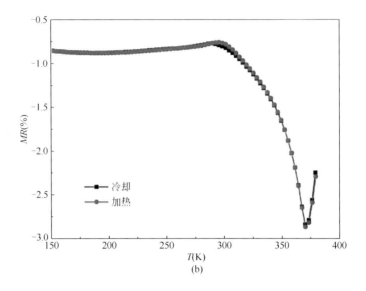

图 4.7 （a）在零磁场和 30kOe 加热和冷却下测得的 $Ni_{47.8}Mn_{30.8}Ga_{21.4}$ 薄膜的 R-T 曲线

（b）在加热和冷却过程中，30kOe 下 $Ni_{47.8}Mn_{30.8}Ga_{21.4}$ 薄膜的 MR-T 曲线

Fig. 4.7 (a) The R–T curves for $Ni_{47.8}Mn_{30.8}Ga_{21.4}$ film measured under zero magnetic field and 30kOe on heating and cooling. (b) The MR–T curves for $Ni_{47.8}Mn_{30.8}Ga_{21.4}$ film under 30kOe on heating and cooling

4.6 Ni-Mn-Ga 薄膜反常霍尔效应特性

众所周知，具有高自旋极化的哈斯勒合金的反常霍尔效应（AHE）很大。然而，关于 Ni-Mn-Ga 薄膜的 AHE 的报道很少。因此，进一步的实验和理论对于更好地理解 AHE 是必不可少的。如图 4.8（a）所示为 $Ni_{47.8}Mn_{30.8}Ga_{21.4}$ 薄膜的霍尔电阻随着磁场（R_{Hall}-H）变化的曲线，测试温度分别选取 240K、260K、280K、300K、320K、340K 和 380K，外加磁场从 20kOe 变到-20kOe。观察 $Ni_{47.8}Mn_{30.8}Ga_{21.4}$ 薄膜的 R_{Hall}-H 曲线可知，随着外加磁场的增加，R_{Hall} 的值首先迅速增加，然后在经过转折点后略微减小。继续施加外磁场，在磁

第4章 Ni-Mn-Ga 薄膜磁电特性及反常霍尔效应研究

饱和之前，R_{Hall} 的值将达到稳定。R_{Hall} 的值在低场下显示出非线性变化，这与之前测试的 M-H 曲线类似。这表明，在马氏体转变期间，AHE 在薄膜中占主导地位。在高场时，霍尔电阻达到最大并保持平衡，变化趋势与磁化曲线一致。显然，这不能简单地通过磁场的洛伦兹力来解释。与非磁性金属不同，所有温度下的 R_{Hall}-H 曲线都显示出对磁场非线性的依赖性，表明我们样品中测量的霍尔电阻率主要由 AHE 决定，而 AHE 的产生主要是因为偏斜散射。AHE 通常与磁性材料的自发磁化有关，由于磁性材料中的自旋轨道耦合，具有不同自旋方向的载流子沿相反方向移动。该结果不仅使得材料两端产生电荷的累积，而且还是自旋的累积。铁磁金属的 R_{Hall} 可以用以下公式来表示：

$$R_{Hall}=R_0B+R_s\mu_0M \qquad (4.2)$$

式中，R_0 表示普通霍尔系数；R_s 则表示反常霍尔系数；B 表示外加磁场的大小；μ_0 表示真空磁导率；M 表示磁化强度。公式的第一部分代表普通霍尔效应（OHE），第二部分则代表反常霍尔效应。普通霍尔系数 R_0 比反常霍尔系数 R_s 小至少一个数量级，因此在分析 AHE 期间可以忽略 OHE。我们可以看到 R_{Hall}-H 的趋势与先前测试的 M-H 的趋势基本相同。表明 R_{Hall} 的值与 M 呈正比，造成这一现象的原因主要是因为其自旋轨道相互作用的非对称散射过程。

为了更好地证实反常霍尔效应，图 4.8（b）所示为 $Ni_{47.8}Mn_{30.8}Ga_{21.4}$ 薄膜霍尔电阻随温度变化的曲线（R_{Hall}-T），测试的温区范围为 240~380K，外加磁场为零场、6kOe 和 -6kOe，在降温过程中测试。从图中可以看到，R_{Hall} 的值表现出对温度的非单调依赖性行为。6kOe 的外场下在 T_C^A 温度以上 R_{Hall} 的值随着温度的降低而降低。当发生磁性转变时，R_{Hall} 的值开始随着温度的降低而增加，当马氏体转变开始时，随着温度的降低 R_{Hall} 的值减小。如果施加反向磁场，霍尔电阻随温度的变化趋势与正向场相同，但是 R_{Hall} 的值相对于正向场减小。图 4.8（a）和（b）可以形成一个良好比较，从而更好地解释 AHE 产生的原因。

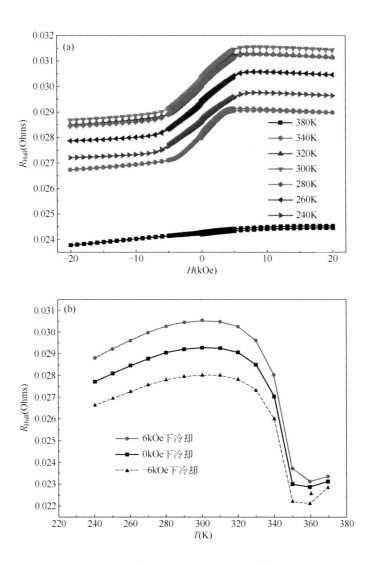

图 4.8 （a）$Ni_{47.8}Mn_{30.8}Ga_{21.4}$ 在选定温度下的 R_{Hall}-H 曲线，（b）$Ni_{47.8}Mn_{30.8}Ga_{21.4}$ 薄膜在 6kOe 和-6kOe 磁场下的 R_{Hall}-T 曲线

Fig. 4.8 (a) the R_{Hall}-H curves for $Ni_{47.8}Mn_{30.8}Ga_{21.4}$ film at selected temperatures. (b) the R_{Hall}-T curves for $Ni_{47.8}Mn_{30.8}Ga_{21.4}$ film in magnetic field of 0 kOe, 6 kOe and −6 kOe

4.7 本章小结

本章通过直流磁控溅射在 MgO（001）上生长外延 Ni-Mn-Ga 薄膜。并且研究了其微观结构，磁性能、磁电阻以及反常霍尔效应。在马氏体转变期间，$Ni_{47.8}Mn_{30.8}Ga_{21.4}$ 膜中测试发现反常霍尔效应，并详细解释了反常霍尔效应的机理。在 $Ni_{46.7}Mn_{31.7}Ga_{21.6}$ 和 $Ni_{47.8}Mn_{30.8}Ga_{21.4}$ 薄膜上分别观察到室温下奥氏体相和 7M 马氏体板的微观结构。磁性测量表明，所有薄膜在加热和冷却过程中都具有马氏体转变。另外，通过实验计算得到了薄膜的磁电阻。主要结论如下。

（1）通过表面微观结构分析可知，室温下在 $Ni_{46.7}Mn_{31.7}Ga_{21.6}$ 和 $Ni_{47.8}Mn_{30.8}Ga_{21.4}$ 薄膜上分别观察到奥氏体相和 7M 马氏体板条的微观结构。$Ni_{47.8}Mn_{30.8}Ga_{21.4}$ 薄膜的马氏体板条具有良好的取向性，7M 马氏体板条被分成低相对对比区域和高相对对比区域。

（2）通过 M-T 曲线分析可知，$Ni_{46.7}Mn_{31.7}Ga_{21.6}$ 和 $Ni_{47.8}Mn_{30.8}Ga_{21.4}$ 薄膜在加热和冷却过程中都具有马氏体转变。这些膜表现出明显的由顺磁奥氏体相和铁磁马氏体相之间的磁结构的居里转变。同时薄膜具有更小的热滞后以及更大的转变间隔温度区间，证明其可以在减小致动器或传感器材料的相变响应时间同时在一个更宽的温度区间内工作。

（3）通过磁性能分析可知，$Ni_{46.7}Mn_{31.7}Ga_{21.6}$ 和 $Ni_{47.8}Mn_{30.8}Ga_{21.4}$ 薄膜在马氏体转变过程中具有很小的一个矫顽力。低矫顽力的实现有助于减少相转变循环期间的磁滞损耗，从而提高材料的使用性能。充分保证薄膜作为磁性形状记忆合金能够获得大的响应频率以及较小的驱动磁场。

（4）通过磁电阻分析可知，外加磁场可以使转变温度向更低的温度方向移动。通过测量计算了磁电阻，磁电阻计算结果显示，30kOe 的外磁场下 $Ni_{46.7}Mn_{31.7}Ga_{21.6}$ 和 $Ni_{47.8}Mn_{30.8}Ga_{21.4}$ 薄膜的磁电阻值在马氏体转变期间分别约为-0.6%和-0.8%，而在磁性转变的居里点附近的磁电阻分别约为-2.0%和-2.9%。负的磁电阻的起源主要是自旋相关散射的减少。

（5）通过测量了 $Ni_{47.8}Mn_{30.8}Ga_{21.4}$ 薄膜中的反常霍尔效应可知，反常霍尔效应来源于自旋轨道耦合的相互作用，薄膜中测量的霍尔电阻率主要由反常霍尔效应决定。而反常霍尔效应只是由于偏斜散射造成的。本章中对于薄膜反常霍尔效应的讨论可以为今后的研究提供实验基础。

参考文献

[1] Teichert N, Boehnke A, Behler A, et al. Exchange bias effect in martensitic epitaxial Ni-Mn-Sn thin films applied to pin CoFeB/MgO/CoFeB magnetic tunnel junctions[J]. Applied Physics Letters, 2015, 106(19): 192401.

[2] Mahnke G J, Seibt M, Mayr S G. Microstructure and twinning in epitaxial NiMnGa films[J]. Physical Review: B. 2008, 78(1): 35.

[3] Ranzieri P, Fabbrici S, Nasi L, et al. Epitaxial Ni-Mn-Ga/MgO(100)thin films ranging in thickness from 10 to 100nm[J]. Acta Materialia. 2013, 61(1): 263-272.

[4] Heczko O, Seiner H, Stoklasová P, et al. Temperature dependence of elastic properties in austenite and martensite of Ni-Mn-Ga epitaxial films[J]. Acta Materialia. 2018(145): 298-305.

[5] Das R, Perumal A, Srinivasan A. Estimation of entropy change at the first order martensitic transition in Ni-Mn-X based ferromagnetic shape memory alloys[J]. Physica B: Condensed Matter, 2014(448): 327-329.

[6] Meng K K, Miao J, Xu X G, et al. Thickness dependence of magnetic anisotropy and intrinsic anomalous Hall effect in epitaxial Co_2MnAl film[J]. Physics Letters: A, 2017, 381(13): 1202-1206.

[7] Nagaosa N, Sinova J, Onoda S, et al. Anomalous Hall effect[J]. Reviews of Modern Physics, 2010, 82(2): 1539-1592.

[8] Wang J B, Mi W B, Wang L S, et al. Anomalous Hall effect in monodisperse CoO-coated Co nanocluster-assembled films[J]. Journal of Magnetism and Magnetic Materials, 2016(401): 30-37.

[9] Li Y, Liu E K, Wu G H, et al. Structural, magnetic, and transport properties of sputtered hexagonal MnNiGa thin films[J]. Journal of Applied Physics.2014, 116(22): 223906.

[10] Ishizuka H, Nagaosa N. Noncommutative quantum mechanics and skew scattering in ferromagnetic metals[J]. Physical Review: B, 2017, 96(16).

[11] B A V, V A N, G A B. Anomalous hall effect in disordered ferromagnetic alloys of the transition metals[J]. Soviet Physics Journal, 1987, 30(1): 49-60.

[12] Kataoka M. Resistivity and magnetoresistance of ferromagnetic metals with localized spins[J]. Physical Review: B, 2001, 63(13): 5.

第 5 章

元素掺杂对 Ni-Mn-Sn 合金相变调控及磁热特性研究

5.1 引言

磁性形状记忆合金作为一类新型形状记忆材料，不但具有传统形状记忆合金受温度场控制的热弹性形状记忆效应，而且具有受磁场控制的磁性形状记忆效应。

2004 年，Sutou 等在 Ni-Mn-X（X=In，Sn，Sb）中发现了一种新的 FSMA，引起了国际上的广泛关注。随着温度的降低，这种合金经历了一个从高温奥氏体相到低温马氏体相的相变，在相变过程中伴随着磁化强度和电阻的突变，属于典型的一级相变。到目前为止，已在马氏体相变附近发现了一系列有趣的物理现象，如巨磁卡效应、磁电阻效应、磁致应变效应等。在 $Ni_{50}Mn_{50-x}Sn_x$ 合金中，当 $x=25$ 时，即正分的哈斯勒合金 Ni_2MnSn 具有和 Ni_2MnGa 的母相相同的结构（$L2_1$）。

Ni_2MnSn 既具有类似 Ni_2MnGa 合金的特性，同时由于 Sn 相对于 Ga，In 等金属的绝对价格优势，其更具应用潜力。在室温下，Ni_2MnSn 是铁磁性的，居里温度约为 340K，但在这种合金中却没有发现马氏体相变。而在非正分的 Ni-Mn-Sn 合金中，随着温度的降低，能观察到从高温奥氏体相到低温马氏体相的相变。Ni 作为战略金属，具有非常重要的意义，因此进一步探索提高 Mn、

Sn 含量以及通过调整其价电子浓度（e⁻/a）等，提高等温磁熵变ΔS_m等，结合目前已有研究，本书将主要研究内容定位于基础富 Mn 合金 $Ni_{43}Mn_{46}Sn_{11}$。

5.2 Co 掺杂对晶体结构及相变温区调控

5.2.1 Co 掺杂对晶体结构的影响

Co 作为铁磁性元素，将少量 Co 掺杂至 $Ni_{43}Mn_{46}Sn_{11}$ 合金中，可以改变合金的电子浓度，引起晶格畸变，从而影响马氏体相变温度和居里温度。同时掺杂 Co 可增大马氏体相变中新旧两相的磁性差异，从而有效地增强马氏体相变附近的磁热效应。

基于上述目的，本章研究制备不同 Co 元素掺杂替换原有 Mn 原子位置对合金相变温度、磁性能以及对应的磁制冷能力方面的研究。已有研究表明当 Mn-Mn 原子为最近相邻时 Mn 原子间的交换作用为反铁磁作用，而当 Mn-Mn 原子为次最近相邻时 Mn 原子间的交换作用为铁磁作用。Co 原子的加入改变了原有合金中 Mn 原子的占位，进而影响 Mn-Mn 原子之间的距离以及出现 Co-Mn 原子间的强交互作用，从而提高合金母相中的铁磁交换作用，增大与马氏体相的磁性差异。

合金利用电弧熔炼制备名义成分为 $Ni_{43}Mn_{42}Co4Sn_{11}$ 和 $Ni_{43}Mn_{40}Co_6Sn_{11}$ 的铸态合金，由于课题组已经进行了大量 $Ni_{43}Mn_{46}Sn_{11}$ 基础合金研究，因此在原有基础进行 Co 元素掺杂方面的研究。铸态合金经线切割加工成小片状，并利用石英管抽真空进行均匀化处理，处理温度 1173K，时间为 48h，经均匀化处理试样冰水淬火。利用扫描电镜能谱分析，进行合金成分检测，Co 4 合金成分符合名义成分，Co 6 合金实测成分为 $Ni_{42.8}Mn_{40.3}Co_{5.7}Sn_{11.2}$，符合预期。

图 5.1 是掺杂合金室温下的 X 射线衍射分析，所有的衍射峰都与哈斯勒合金中 $L2_1$ 结构相符合，相应的峰位基本一致，说明 Co 掺杂对晶体结构没有明显的影响，没有出现合金元素析出相等。由于 $L2_1$ 相结构为典型的奥氏体结构，因此可以初步判断该合金相转变温度低于室温。图 5.1（b）中 2θ 角接近 30°出现的（200）衍射峰也是典型的奥氏体结构峰位。

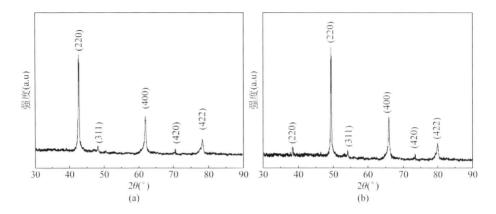

图 5.1 室温下合金热处理温度后 X 射线衍射谱图（a）$Ni_{43}Mn_{42}Co_4Sn_{11}$ 和
（b）$Ni_{42.8}Mn_{40.3}Co_{5.7}Sn_{11.2}$

Fig. 5.1 The XRD patterns of alloys at room temperature, (a) $Ni_{43}Mn_{42}Co_4Sn_{11}$ and
(b) $Ni_{42.8}Mn_{40.3}Co_{5.7}Sn_{11.2}$

5.2.2 Co 掺杂对相变温度及居里点调控

铁磁形状记忆合金马氏体转变的几个特征温度。升温过程中，依次历经马氏体居里点（T_C^M）、奥氏体起始温度（A_s）、奥氏体结束温度（A_f）、奥氏体居里点（T_C^A）；降温过程中，依次历经奥氏体居里点（T_C^A）、马氏体起始温度（M_s）、马氏体结束温度（M_f）、马氏体居里点（T_C^M）。可以看出，在低温阶段，合金处在马氏体相，磁性较弱，随温度升高，样品发生结构相变，从马氏体相转变为奥氏体相，奥氏体相磁性较强。

图 5.2（a）是 $Ni_{43}Mn_{42}Co_4Sn_{11}$ 合金磁化强度与温度之间的关系曲线，由于测试中振动样品磁强计采用超导磁体，因此在进行零场升温（Zero Field Heating, ZFH），磁化曲线随温度变化的过程中，采用加微弱磁场来进行测试，避免由于超导磁体进行纯零场测试时，地磁场以及磁体内部震荡电流等的影响。从 M-T 曲线中，可以清楚地看到对应的马氏体居里温度（T_C^M）和奥氏体居里温度（T_C^A），其中由于测试仪器最高温度为 400K，在进行测试时，为了保证仪器安全，未进行极限测试，因此（T_C^A）未明确看到对应的磁化强度 M 降为零，但测试趋势已经看到该合金具有明显的相变过程，且相变过程中铁磁奥氏体相没有其他相变过程。图 5.2（b）为该合金在外加磁场为 1kOe 情况下的 M-T 曲线，从曲线中

第 5 章 元素掺杂对 Ni-Mn-Sn 合金相变调控及磁热特性研究

可以分析得到，在经历马氏体相向高温奥氏体相转变的过程中，存在约 20K 的一个曲线不重合区域，这表明该类相变过程是典型的具有热滞后的一级相变过程。从曲线分析可以得到，该 $Ni_{43}Mn_{42}Co_4Sn_{11}$ 合金马氏体起始温度 M_s 大约为 248K，马氏体结束温度 M_f 为 225K；奥氏体起始温度 A_s 为 246K，奥氏体结束温度 A_f 为 266K。这与对应的 XRD 分析结果相一致。由图 5.2（b）可以得到，在外加磁场 1kOe 的情况下进行相变过程磁转变研究，该样品在 1kOe 外场下可以获得约 35emu/g 的磁化强度的变化（ΔM）。

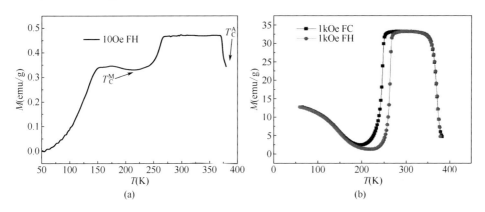

图 5.2　$Ni_{43}Mn_{42}Co_4Sn_{11}$ 合金温度磁化（M-T）曲线外加磁场（a）10Oe 和（b）1kOe

Fig. 5.2　The temperature dependence of magnetization curves for $Ni_{43}Mn_{42}Co_4Sn_{11}$ alloys on heating and cooling under a magnetic field of (a)10Oe and (b)1kOe

图 5.3（a）是 $Ni_{42.8}Mn_{40.3}Co_{5.7}Sn_{11.2}$ 合金磁化强度与温度之间的关系曲线，从 M-T 曲线中可以清楚地看到，对应的马氏体居里温度（T_C^M）和奥氏体居里温度（T_C^A），该曲线测试采用外加 10Oe 外磁场、从高温降至 50K 的测试方法，即零场冷却（Zero Field Cooling, ZFC），从曲线中可以看到，相比图 5.1（a），T_C^A 可以清晰测试，其温度大约为 355K，并且在降温的过程中，在接近 T_C^M 合金马氏体相变之后存在一定的不同，伴随着测试温度继续降低，存在一个先升高再持续降低的过程，这应该与其中 Co 掺杂对相变点的影响有关。

需要说明，对比已有的研究结果，$Ni_{42.8}Mn_{40.3}Co_{5.7}Sn_{11.2}$ 合金中，马氏体相变温度与南京大学韩志达等的结果存在一定差异。在韩志达等人的研究中，该类成分合金马氏体相变温度约为 300K，且其居里温度大约为 400K。对比已有研究，这可能是由于掺杂过程中，在熔炼合金时，Co 原子并不一定真正地替代原有的 Mn 原子占位，从而导致其他原子有序度的变化。因此进一步的研究过程中，将采用首先熔炼基础合金，再将基础合金与替代元素进行熔炼制备掺杂合金，进一步研究对应的磁性能以及替换结果。

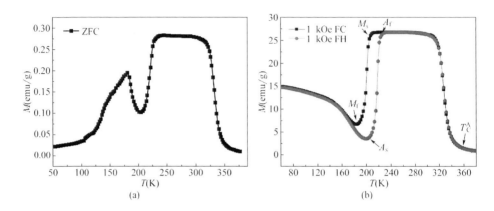

图 5.3　$Ni_{42.8}Mn_{40.3}Co_{5.7}Sn_{11.2}$ 合金温度磁化（M-T）曲线外加磁场（a）10Oe 和（b）1kOe

Fig. 5.3　The M-T curves for $Ni_{42.8}Mn_{40.3}Co_{5.7}Sn_{11.2}$ alloy heated under a magnetic field 10 Oe(a); heated(FH)and cooled (FC) under a magnetic field of 1kOe (b)

对制备 $Ni_{42.8}Mn_{40.3}Co_{5.7}Sn_{11.2}$ 相变温度研究表明，该合金马氏体相变起始温度 M_s 大约为 204K，马氏体结束温度 M_f 为 192K，奥氏体起始温度 A_s 为 206K，奥氏体结束温度 A_f 为 220K。这与对应的 XRD 分析结果一致。在 Ni-Mn 基哈斯勒合金中，之间的相互交换模式可以使用长程的 Ruderman-Kittel- Kasuya-Yosida 模型，通过调整合金成分，其中的价电子浓度 e⁻/a 也在发生变化。价电子浓度定义为合金元素中金属原子外层的电子总和，包括外层的 s 电子、d 电子及 p 电子。有关文献研究表明，该类合金相变过程中磁性转变强度与对应的原子间距有关，特别是 Mn-Mn 原子之间的距离。晶格常数随着合金成分的变化，将有可能调整对应的磁性能以及相变温度和居里温度。通过 Co 元素掺杂试验可以看到，原有基础合金 $Ni_{43}Mn_{46}Sn_{11}$ 对应的相变温度及居里温度都由于 Co 元素的掺杂发生了变化，但是具体合金中的原子替换、占位需要借助中子衍射等试验来确定。

5.2.3　Co 掺杂对磁制冷能力的影响

磁热效应是磁性材料的一种固有的特性，外加磁场的变化引起材料内部磁

第5章 元素掺杂对 Ni-Mn-Sn 合金相变调控及磁热特性研究

熵的改变，并产生吸热或放热现象，这种现象在居里温度附近最为显著。衡量材料磁热效应的参数为等温磁熵变$|\Delta S_m|$或绝热温变ΔT_{ad}。目前测量材料磁热效应的方法有直接测量法和间接测量法两种。本书采用间接测量中的磁化曲线法。磁化曲线法是在不同温度下，测量不同温度下的等温磁化曲线，得到 M-H 曲线图，利用麦克斯韦关系，计算出ΔS_m。磁化曲线法虽然需要可控温的带低温装置、恒温的超导量子磁强计或振动样品磁强计来测试不同温度下的 M-H 曲线，但因其可靠性高、可重复性好、操作简便快捷而被广大研究者采纳。此方法的精度主要取决于磁力矩、温度、和磁场测量的精度。

$$\Delta S_m(T,H) = \int_0^H \left(\frac{\partial M(T,H)}{\partial T} \right)_H dH \tag{5.1}$$

图 5.4 是 $Ni_{43}Mn_{42}Co_4Sn_{11}$ 进行等温磁化测试的结果，试验中采用的 Quantum Design 公司生产的 VersaLab 测试系统具有控温精度高、磁性能测试精度准确等优势，被广泛用于磁制冷能力间接测量中。在测试中，为了避免由于温度梯度较大，忽略相变点关键温度值，导致测试误差等因素，采用相变温度区间 1K 间隔进行测试，充分还原该合金在相变过程中，磁性能转变的过程。由图 5.4（a）可以看到，在 253～255K 过程中，磁化曲线发生明显变化，初始磁化过程中，磁矩发生剧烈变化。退磁曲线与初始磁化曲线之间有非常大的包围区域。在大约 3K 的温度区间内，磁矩变化大约为 30emu/g。在整个测试相变温区内，磁矩（M）从 245K 时的约 20emu/g 剧增到 260K 时的 90emu/g，相变过程中磁性能发生了约 70emu/g 的变化，而该过程中温度区间只有约 15K。因此可以看到该过程中发生的马氏体相向铁磁奥氏体转变过程除了结构相变外，还伴随着巨大的磁性能转变。图 5.4（b）中显示的是利用麦克斯韦关系式计算的该合金材料在相变温区内磁熵变的变化趋势。图中可以看到，最大磁熵变值（ΔS_m）在温度约为 256K、10kOe 的外加磁场下，就可以获得约 12.5J/(kg·K)的数量级、纯 Gd 在 50kOe 外场情况下[10.2J/(kg·K)]的熵变值。当外磁场为 30kOe 时，其磁熵变值达到 40J/(kg·K)。可见该类合金材料可以作为非稀土类磁制冷工质。对比该合金磁熵变温度曲线，可以发现，该合金关于最大磁熵变温度两侧对称性良好，具有很好的重复性。

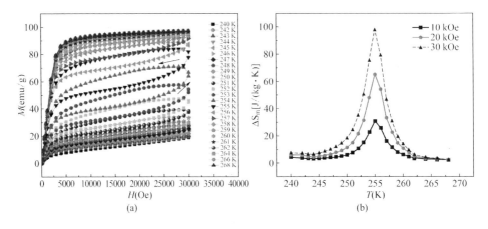

图 5.4 Ni$_{43}$Mn$_{42}$Co$_4$Sn$_{11}$ 合金马氏体相变温区内等温磁化曲线（a）
以及不同外加磁场强度时等温磁熵变随温度变化曲线（b）

Fig. 5.4 Isothermal magnetization curves of alloys measured in various temperatures, the temperature dependence of ΔS$_m$ in the magnetic field of 10,20,and 30kOe for Ni$_{43}$Mn$_{42}$Co$_4$Sn$_{11}$ alloys

图 5.5 是 Ni$_{43}$Mn$_{42}$Co$_4$Sn$_{11}$ 进行升温靠近奥氏体居里温度（T_C^A）时等温磁化曲线的测试结果。在测试中由于居里温度附近相变为二级相变，磁性能转换平稳，为了避免由于温度梯度较大，忽略关键温度点，导致测试误差等因素，采用相变温度区间 2K 间隔的测试，充分还原该合金在二级相变过程中磁性能转变的过程。图 5.5（a）中可以看到，在 350~390K 过程中，磁化曲线发生明显变化，初始磁化过程中，磁矩发生缓慢变化。退磁曲线与初始磁化曲线之间几乎完全重合。在大约 40K 的温度区间内，磁矩变化大约为 30emu/g。在整个测试相变温区内，磁矩（M）从 350K 的约 60emu/g 衰减到 390K 时的 30emu/g，相变过程中磁性能发生了约 30emu/g 的变化。针对磁化曲线对比可以发现，温度为 390K 的磁化曲线已经几乎与磁场增加呈线性关系，没有磁化及磁畴取向转变的过程。图 5.5（b）中显示的是利用麦克斯韦关系式计算的该合金材料在二级相变温区内磁熵变的变化趋势。图中可以看到，最大磁熵变值（ΔS_m）在温度约为 372K、10kOe 的外加磁场下，就能够获得约-1.25J/(kg·K)的熵变值。当外磁场为 30kOe 的情况下，其等温磁熵变值达到-2.75J/(kg·K)。由于居里温度附近是磁性衰减为零的过程，因此计算到的磁熵变值为负。

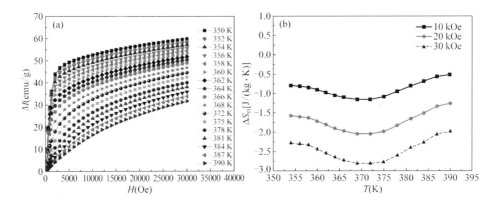

图 5.5　$Ni_{43}Mn_{42}Co_4Sn_{11}$ 合金 T_C^A 温区内等温磁化曲线（a）以及不同外加磁场强度时等温磁熵变随温度变化曲线（b）

Fig. 5.5　Isothermal magnetization curves of $Ni_{43}Mn_{42}Co_4Sn_{11}$ alloy measured in various temperatures at near the T_C^A, the temperature dependence of ΔS_m at near the Curie temperature of austenitic phase (T_C^A) in the magnetic field of 10, 20, and 30 kOe for $Ni_{43}Mn_{42}Co_4Sn_{11}$ alloy

图 5.6 是对 $Ni_{42.8}Mn_{40.3}Co_{5.7}Sn_{11.2}$ 合金进行一级、二级相变等温磁化曲线的测试结果，一级磁相变过程采用 1K 间隔进行测试，充分还原该合金在相变过程中磁性能转变的过程。图 5.6（a）中可以看到，在 208～220K 过程中的磁化曲线发生明显变化，初始磁化过程中，磁矩在发生剧烈变化。退磁曲线与初始磁化曲线之间有非常大的包围区域。在 212～214K 大约 3K 的温度区间内，磁矩变化大约为 35emu/g。在整个测试相变温区内，磁矩（M）从 208K 的约 22emu/g 剧增到 220K 时的 92emu/g，相变过程中磁性能发生了约 70emu/g 的变化，而该过程中温度区间仅仅只有约 12K。因此该过程中发生的马氏体相向铁磁奥氏体转变过程除了结构相变外，还伴随着巨大的磁性能转变。特别是 214K 温度等温磁化曲线，退磁曲线在 5kOe 之前几乎没有明显变化。图 5.6（b）是 $Ni_{42.8}Mn_{40.3}Co_{5.7}Sn_{11.2}$ 进行升温靠近奥氏体居里温度（T_C^A）时等温磁化曲线的测试结果。在测试中由于居里温度附近相变为二级相变，磁性能转换平稳，为了避免由于温度梯度较大，忽略关键温度点，导致测试误差等因素，采用相变温度区间 3K 间隔测试。在 321～339K 过程中，磁化曲线发生明显变化，初始磁化过程中，磁矩发生缓慢变化。对磁化曲线进行对比可以发现，温度为 339K 的磁化曲线已

经几乎与磁场增加呈线性关系，没有磁化及磁畴取向转变的过程。说明在该过程中，伴随着温度的升高，铁磁奥氏体内部磁畴结构已经发生转化，表现出非铁磁特性。

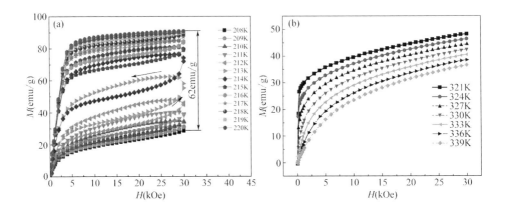

图 5.6 $Ni_{42.8}Mn_{40.3}Co_{5.7}Sn_{11.2}$ 合金等温磁化曲线（a）马氏体相变温区（b）居里温度 T_C^A

Fig. 5.6 Isothermal magnetization curves of $Ni_{42.8}Mn_{40.3}Co_{5.7}Sn_{11.2}$ alloy measured in at various temperatures: (a) around MT temperature, (b) around T_C^A temperature

研究人员为了更好地观察到变磁性相变，通过在马氏体相变附近作阿罗特曲线来分析。阿罗特最初是通过 $M_3\text{-}H$ 曲线来判断铁磁态及决定居里温度的。后来，部分学者进行了改进，阿罗特曲线被定义为 $M_2\text{-}H/M$ 曲线，并且用来判断变磁性相变。判断方法如下，首先变换等温磁化曲线（$M\text{-}H$）得到 $M_2\text{-}H/M$ 曲线，如果居里温度附近存在变磁性行为，我们可以在阿罗特曲线上观察到一个负的斜率或阿罗特曲线呈 S 形。图 5.7（a）是 $Ni_{42.8}Mn_{40.3}Co_{5.7}Sn_{11.2}$ 合金在马氏体相变温度附近的阿罗特曲线。从其阿罗特曲线上可以看到，213～216K 的曲线都有负的斜率，且呈明显的 S 形，这也表明在马氏体相变附近，$Ni_{42.8}Mn_{40.3}Co_{5.7}Sn_{11.2}$ 合金都有变磁性行为，存在磁场诱导的变磁性相变。

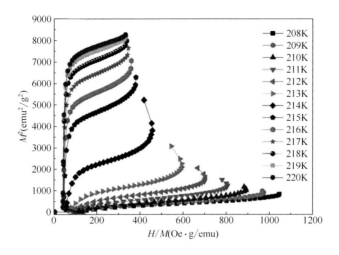

图 5.7 $Ni_{42.8}Mn_{40.3}Co_{5.7}Sn_{11.2}$ 马氏体相变温区阿罗特曲线

Fig. 5.7 The Arrott plots for $Ni_{42.8}Mn_{40.3}Co_{5.7}Sn_{11.2}$ alloy around martensite transformation temperature

图 5.8 是 $Ni_{42.8}Mn_{40.3}Co_{5.7}Sn_{11.2}$ 合金一级相变过程中基于麦克斯韦关系计算的等温磁熵变随温度变化曲线。插图是当外加磁场为 30kOe 情况下，磁滞损耗随温度变化关系曲线。除了 ΔS_m 外，如前所述，制冷能力 RC 是衡量材料磁制冷性能的一个重要因素。对于一级磁相变材料，由于磁滞的存在，我们还必须考虑磁滞对材料磁制冷性能的影响。磁滞损耗的计算，采用等温磁化曲线中初始磁化曲线关于磁场强度积分部分减去退磁化曲线关于磁场强度积分的方法来进行。结合图 5.6（a）可以发现，212～214K 等温磁化曲线初始磁化与退磁化曲线之间有非常明显的包围面积区域，因此该区域存在非常大的能量损耗。初始磁化相当于将磁能存储在合金材料中，而退磁化过程相当于将能量释放的过程，如果两者完全重合，类似于图 5.6（b）靠近居里温度时的曲线，就不存在能量被损耗的关系。从插图中可以看到，尽管该类合金可以获得非常良好的巨大等温磁熵变值，但是由于磁滞损耗的存在，一级相变过程中，磁制冷能力将会有很大的降低。如果能够降低磁滞损耗，那么该类材料作为磁制冷工质将具有更加优异的性能。

磁制冷能力利用数值积分的办法计算$\Delta S_m(T)$曲线所围面积获得，积分限选取$\Delta S_m(T)$曲线的半高宽$\Delta T_{FWHM}=T_{hot}-T_{cold}$两端所对应的温度值，即

$$RC = \int_{T_{\text{cold}}}^{T_{\text{hot}}} \Delta S(T, \Delta H)_H \, dT \quad (5.2)$$

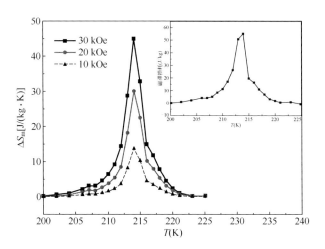

图 5.8　$Ni_{42.8}Mn_{40.3}Co_{5.7}Sn_{11.2}$ 合金马氏体相变不同外加磁场强度下等温磁熵变随温度变化曲线，插图为磁滞损耗随温度变化曲线

Fig. 5.8　The temperature dependences of ΔS_m in the magnetic fields of 10, 20, and 30kOe for $Ni_{42.8}Mn_{40.3}Co_{5.7}Sn_{11.2}$ alloy at first-order transition.

本书中分别对 Co 掺杂合金 $Ni_{43}Mn_{42}Co_4Sn_{11}$ 和 $Ni_{42.8}Mn_{40.3}Co_{5.7}Sn_{11.2}$ 的一级磁相变及二级居里温度附近磁制冷能力进行计算。

$Ni_{43}Mn_{42}Co_4Sn_{11}$ 的 RC 分别为 121.8J/kg 和-152.3J/kg。$Ni_{42.8}Mn_{40.3}Co_{5.7}Sn_{11.2}$ 的 RC 分别为 72.1J/kg 和 160.1J/kg。数值对比可以发现，尽管一级相变过程中等温磁熵变温度曲线中，ΔS_m 数值很大 [40J/(kg·K)]，但是由于相变温区狭窄，并未获得高的磁制冷能力，而二级相变过程，尽管磁熵变值只有-2.75J/(kg·K)，但是由于温区平坦，积分区间大，获得了非常可观的磁制冷能力。因此进一步探索提高等温磁熵变的同时，如何有效获取大的温度跨度区间也成为磁制冷工质研究中的一个核心问题。

磁相变过程中，相变温度随着外加磁场强度的变化，也会发生一定的调整。图 5.9 是 $Ni_{42.8}Mn_{40.3}Co_{5.7}Sn_{11.2}$ 马氏体相变温度随外加磁场不同而发生变化的情况。测试中升降温速率为 3k/min。从图中可以看到，外加磁场为 30kOe 时的相变温度相对于 10kOe 时，向低温区偏移约 10K，说明磁场强度可以驱动相变的发生，相对于传统形状记忆合金温度驱动相变，磁场驱动相变更加快速有效。图可以发现，尽管最大磁矩值（M）并没有随着外加磁场的增强而急剧增大，但相变温度却发生明显变化，特别是在由 10kOe 到 20kOe 的过程中，温度变化约为 6K。这与对应的等温磁化曲线（M-H）中的分析结果一致。在实际应用该类合金进行磁制冷使用时，必须充分考虑外加磁场驱动相变情况来客观分析该类合金的实际使用磁制冷温度区间。

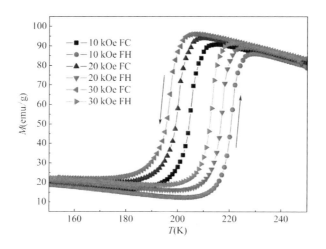

图 5.9 $Ni_{42.8}Mn_{40.3}Co_{5.7}Sn_{11.2}$ 马氏体相变温度随不同外加磁场变化情况

Fig. 5.9 The M-T curves for $Ni_{42.8}Mn_{40.3}Co_{5.7}Sn_{11.2}$ alloy on heating and cooling under magnetic fields of 10, 20, and 30kOe

5.3 Ti 掺杂对 Ni-Mn-Sn 合金相变温度及磁制冷能力影响

铁磁形状记忆合金在相变过程中可以表现出明显的变磁性行为，即从高对称性的奥氏体结构转变为较低对称性的马氏体结构，在经历相变温度变化的同时，也表现出对应的结构变化。非调制结构的 $Ni_2Mn_{1+y}X_{1-y}$（X=In，Sb，Sn）合金，经历相变的同时，表现出其他多样的磁性能特性，如磁电阻、磁热效应等，但是该类金属间化合物特有的结构导致了该类合金力学性能差，具体表现为非常脆，室温加工性能明显不足，不适宜进行传统的力学加工（如轧制等塑性变形），因此除了研究提高该类合金磁热特性（等温磁熵变）之外，提高该类合金塑性、韧性等也成为其工业化应用的关键因素。

已有研究主要集中在 $Ni_2Mn_{1+x}Sn_{1-x}$ 合金，其中锰的含量比 Ni 低。非化学计量比的合金中，过量的 Mn 原子会占据空缺的 Sn 原子位置，从而导致反铁磁耦合等特性的出现。在大多数的研究报道中，马氏体相变温度主要调节依托两种方法：一种是直接改变原料成分，另外一种是利用原子替换。原子替换是在基础合金保持不变的情况下，利用调节价电子浓度等方法来实现的。

到目前为止，仅有少数论文中采用高 Mn 含量的 Mn-Ni-Sn 合金，Ti 原子掺杂对磁性能及相变温度等的研究尚未见报道。在实际使用中，除了合金材料磁热效应之外，合金是否具有良好的加工性能也成为关键。本章主要研究 Ti 掺杂对高 Mn 含量 $Mn_{48-x}Ti_xNi_{42}Sn_{10}$（$x$=1, 2, 3, 4）合金相变温度及磁制冷能力的影响进行研究。

5.3.1 Ti 掺杂对晶体结构及组织的影响

铁磁形状记忆合金马氏体转变有若干特征温度。升温过程中，依次历经马氏体居里点（T_C^M）、奥氏体起始温度（A_s）、奥氏体结束温度（A_f）、奥氏体居里点（T_C^A）；降温过程中，依次历经奥氏体居里点（T_C^A）、马氏体起始温度（M_s）、马氏体结束温度（M_f）、马氏体居里点（T_C^M）。可以看出，在低温阶段合金处在马氏体相，磁性较弱，随测试温度升高，样品发生结构相变，从马氏体相转变为奥氏体相，奥氏体相磁性较强。

实验中，初始铸态合金利用电弧熔炼制备，合金经线切割加工成小片状，并利用石英管抽真空进行均匀化处理，处理温度 1173K，时间为 24h，经均匀化处理后将试样冰水淬火。

图 5.10 显示的是 Ti 掺杂合金 $Mn_{48-x}Ti_xNi_{42}Sn_{10}$（$x$ = 1, 2, 3）室温情况下的 X 射线衍射分析图，图中所有的衍射峰都与哈斯勒合金中 $L2_1$ 结构相符合，说明该高 Mn 含量合金晶体结构仍然保持哈斯勒合金，并没有发生变化。由于 $L2_1$ 相结构为典型的奥氏体结构，因此可以初步判断该合金马氏体相转变温度低于室温。从衍射数据分析可以看到，伴随着合金成分中 Ti 含量的变化，衍射峰(220)向高角度偏移，表明 Ti 原子的掺杂影响到合金的晶体结构。

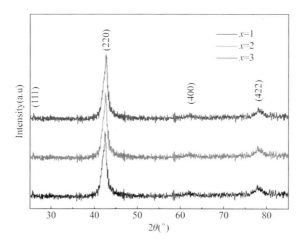

图 5.10　$Mn_{48-x}Ti_xNi_{42}Sn_{10}$（$x=1,2,3$）合金室温 XRD 衍射

Fig. 5.10　The XRD patterns of $Mn_{48-x}Ti_xNi_{42}Sn_{10}$ (x = 1,2,3) alloys at room temperature

图 5.11 是该合金室温下的截面分析，从电镜分析可以看到，晶粒的尺寸大约为 100μm。高度有序的柱状结构可以很清晰地从 $Mn_{47}Ti_1Ni_{42}Sn_{10}$ 和 $Mn_{45}Ti_3Ni_{42}Sn_{10}$ 截面分析中得到。由于试样铸态合金体积较小，不便于加工成拉伸试样，此处采用剪切钳，利用合金断裂部分进行断裂机制的初步分析。

图 5.11　$Mn_{48-x}Ti_xNi_{42}Sn_{10}$（$x=1,3$）合金室温截面分析

Fig5.11　FE-SEM micrographs of $Mn_{48-x}Ti_xNi_{42}Sn_{10}$ (x = 1,3) alloys

图 5.11 中对断裂面进行分析发现，$Mn_{47}Ti_1Ni_{42}Sn_{10}$ 断裂是以脆性断裂为主，断裂过程中以晶粒之间的沿晶断裂为主，尽管可以看到部分晶粒中有韧性穿晶断裂的过程，但是相对于主要断裂方式，仍然表现出合金的脆性。相比较，

$Mn_{45}Ti_3Ni_{42}Sn_{10}$ 合金中，撕裂断裂过程要占到更高的比率，从图中可以看到，在发生断裂的过程中，大量的晶粒内部出现韧性断裂的过程，相对来讲，在断裂过程中，将会有更多的能量被用来破坏金属间的结合能。Ti 具有良好的延展特性，当 Ti 含量在合金中成分增加，可以有效提高塑性加工能力。相关研究与已有关于 Cu 掺杂对 $Ni_{50}Mn_{30}Ga_{20}$ 影响的研究相一致。

5.3.2 Ti 掺杂对相变温度及居里点的影响

图 5.12 是该类合金，磁化强度随温度变化关系的 M-T 曲线，利用该曲线分析可以 $Mn_{48-x}Ti_xNi_{42}Sn_{10}$（$x$ = 1,2,3,4）合金的相变温度以及磁性能清晰转变。在测试中，采用 1kOe 外磁场的方法，升降温速率为 3K/min。测试温度区间为 50~400K。图中可以看到，伴随着温度的增加，磁化强度从弱磁性的马氏体相转变为强磁性的铁磁奥氏体相。需要说明的是，尽管测试温度已经降低至 50K，但是仍然没有在 $Mn_{44}Ti_4Ni_{42}Sn_{10}$ 观察到合金的变磁性行为，结合室温 XRD 测试分析，可以估计该合金相变温度应该低于 50K，已经不适用于室温磁制冷应用。

对图 5.12 分析可以发现，随着 Ti 原子掺杂的不同，相变温度急剧向低温区偏移。对比分析可以发现，每多增加一个 Ti 原子，相变温度向低温偏移 40~50K。因此通过该方法，虽然可以有效地调控相变温区，但是由于温区偏向低温，因此对于室温磁制冷应用方面的研究有限。

对图 5.12 分析可以发现，该类合金相变温度范围狭小，约 8~10K。特别是 $Mn_{47}Ti_1Ni_{42}Sn_{10}$ 和 $Mn_{46}Ti_2Ni_{42}Sn_{10}$ 合金，即使是在仅有 1kOe 的外磁场情况下，相变过程中磁化强度 M 值变化也非常明显，因此等温磁熵变值估计也应该比较理想。从图中数值可以发现，随着温度的增高，该类合金奥氏体居里温度约为 270K，因此除了可以利用一级马氏体相变进行磁制冷研究外，还可以利用奥氏体二级相变进行磁制冷方面的研究。由于 Ti 原子相对于原有被替换的 Mn 原子拥有较少的 3d 外层电子，因此相变温度的降低可以利用价电子浓度降低来进行解释。除此之外，由于 Mn-Mn 间距对磁性能及相变温度敏感，XRD 分析中可以看到，随着 Ti 原子替换的增加，合金衍射峰（220）向高角度偏移，这也是导致该类合金相变温度降低的原因。

第5章 元素掺杂对 Ni-Mn-Sn 合金相变调控及磁热特性研究

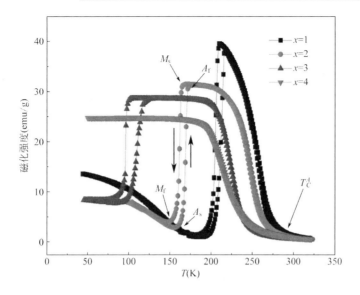

图 5.12 Mn$_{48-x}$Ti$_x$Ni$_{42}$Sn$_{10}$（x = 1,2,3,4）合金在外加磁场 1kOe 下的升降温磁化强度-温度（M-T）曲线

Fig. 5.12 The temperature dependence of magnetization M-T curves for Mn$_{48-x}$Ti$_x$Ni$_{42}$Sn$_{10}$ (x = 1,2,3,4) alloys on heating and cooling under a magnetic field of 1kOe

表 5.1 中是该类 Mn$_{48-x}$Ti$_x$Ni$_{42}$Sn$_{10}$（x = 1,2,3,4）合金有关性能测试统计信息，其中，Mn$_{44}$Ti$_4$Ni$_{42}$Sn$_{10}$ 合金相变温度及等温磁熵变值由于测试仪器量程限制，并未真实取得。

表 5.1 Mn$_{48-x}$Ti$_x$Ni$_{42}$Sn$_{10}$（x = 1,2,3,4）合金相变温度、价电子浓度（e⁻/atom）、磁熵变变化（ΔS_m）

Table 5.1 The martensitic start temperature (M_s), martensitic finish temperature (M_f), austenitic start temperature (A_s), and austenitic finish temperature (A_f), the Curie temperature of austenitic phase (T_C^A), valence electron concentration (e/at), and magnetic entropy change (ΔS_m) for Mn$_{48-x}$Ti$_x$Ni$_{42}$Sn$_{10}$ (x = 1, 2, 3, and 4) alloys

x	e⁻/atom	M_s(K)	M_f(K)	A_s(K)	A_f(K)	T_C^A(K)	ΔS_m[J/(kg·K)]
1	7.93	208	200	205	215	270	26.6
2	7.90	163	158	166	170	260	36.8
3	7.87	97	91.7	100	120	240	15.1
4	7.84	—	—	—	—	235	—

5.3.3 Ti 掺杂对磁制冷能力的影响

图 5.13 是 $Mn_{48-x}Ti_xNi_{42}Sn_{10}$（$x$ = 1,2,3）进行等温磁化曲线的测试结果，试验中采用的 Quantum Design 公司生产的 Versalab 测试系统具有控温精度高、磁性能测试精度准确等优势，被广泛用于磁制冷能力间接测量中。在测试中，为了避免由于温度梯度较大，忽略关键温度点从而导致测试误差等因素，$Mn_{48-x}Ti_xNi_{42}Sn_{10}$（$x$ = 1）测试采用相变温度区间，1K 间隔测试，充分还原该合金在马氏体相变过程中磁性能转变的过程。从图 5.13 中可以看到，在 205~214K 过程中，磁化曲线发生明显变化，初始磁化过程中，可以看到磁矩发生了剧烈变化。退磁曲线可以看到与初始磁化曲线之间有非常大范围的包围区域。在 208~210K 大约 3K 的温度区间内，磁矩变化大约为 20emu/g。在整个测试相变温区内，磁矩（M）从 205K 时的约 15emu/g 剧增到 214K 时的 60emu/g，相变过程中磁性能发生了约 45emu/g 的变化，而该过程中温度区间只有约 10K。因此可以看到该过程中发生的弱磁性马氏体相向铁磁奥氏体转变过程除结构相变外，还伴随着巨大的磁性能转变。这与图 5.12 中 M-T 曲线描述的相变过程中进行的磁相变相一致。需要指出的是，尽管在 M-T 曲线中 1kOe 外场下，获得了约 40emu/g 的相变磁化强度变化，但是在外加强磁场过程中，等温磁化曲线中并没有获得预期的高的磁性能转变。这可能是与合金晶体结构以及晶粒尺寸等因素有关。$Mn_{48-x}Ti_xNi_{42}Sn_{10}$（$x$ = 2,3）合金中，可以看到，在等温磁化曲线测试过程中，具有明显的磁性能跳变过程，即磁场诱发的相变过程。这一现象在 Ni-Mn 基铁磁形状记忆合金中有很多对应的描述。图中还可以看到，在 $Mn_{48-x}Ti_xNi_{42}Sn_{10}$（$x$ = 2,3）成分合金的磁化曲线中，相变过程中磁化强度变化分别为 49emu/g 和 40emu/g，其中 $Mn_{46}Ti_2Ni_{42}Sn_{10}$ 合金在相变温区 10K 的范围内具有最大的变磁性行为，说明该合金预期可以获得大的等温磁熵变值。在 $Mn_{46}Ti_2Ni_{42}Sn_{10}$ 合金等温磁化曲线中，当温度为 164K 时，在外加磁场为约 25kOe 时，其磁化强度 M 值约为 50emu/g，但是当增加磁场到 30kOe 时，其 M 值突然增加约 10emu/g，这充分表明该合金具有良好的磁场驱动特性，即在外加强磁场作用下该合金 164K 磁性能突然与 165K 时的磁性能一致。

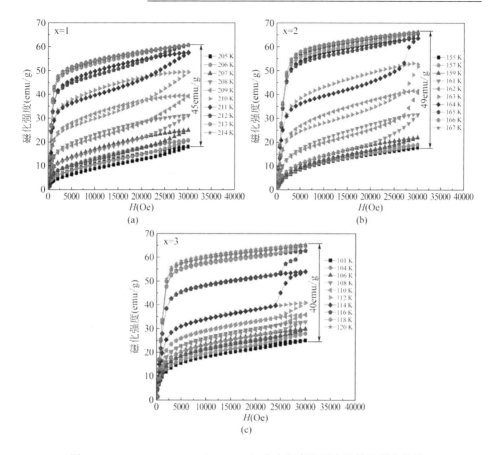

图 5.13 Mn$_{48-x}$Ti$_x$Ni$_{42}$Sn$_{10}$（$x=1,2,3$）合金相变温区内的等温磁化曲线

Fig. 5.13 Isothermal magnetization curves of Mn$_{48-x}$Ti$_x$Ni$_{42}$Sn$_{10}$ ($x=1,2,3$) alloys measured in various temperatures

图 5.14 是利用麦克斯韦关系式计算的等温磁熵变化过程曲线，从图中可以看到，尽管 M-T 曲线中，Mn$_{48-x}$Ti$_x$Ni$_{42}$Sn$_{10}$（$x=1$）具有良好的变磁性特性，但是由于其中 Mn 含量高，或是其中原子间距等原因，并没有获得最大的 ΔS_m。

$$\Delta S_m(T,H) = \int_0^H \left(\frac{\partial M(T,H)}{\partial T}\right)_H dH \tag{5-3}$$

曲线分析中可以发现，在外加磁场为 30kOe 的情况下，合金获得了高达 36.8J/(kg·K)的等温磁熵变值，尽管相对于传统 Ni-Mn 基合金并不是很好，但是由于其中 Mn 含量大大增加，对比传统已有高 Ni 含量合金，具有明显的成本优势。对比发现，即使在外加磁场 10kOe 的情况下，在 $Mn_{46}Ti_2Ni_{42}Sn_{10}$ 合金中仍然获得了 12.8J/(kg·K)的ΔS_m 值。这一结果已经高于已有的一级相变过程中其他研究中该相变温度内的其他合金。已有分析表明，大的等温磁熵变与合金中 Mn-Mn 原子间距有关，对比于只有一个 Ti 原子的掺杂结果，Mn 原子百分含量为 46%的高锰合金，具有良好的磁相变特性。这一研究也充分表明，Mn 含量具有微妙的调节能力。通常调整变磁性性能主要通过两种方法：一种方法是强的自旋轨道耦合，从而导致奥氏体相和马氏体相之间不同的磁状态；另一种方法是对磁性能和马氏体变体之间的介观尺度的磁结构耦合，导致邻近马氏体相变过程中磁性能跳跃变化。

尽管超导磁体和电磁铁可以提供高的磁感应强度（20kOe 以上），但是基于该类磁体维护以及能量消耗问题考虑，目前磁制冷应用应该建立在传统稀土永磁体最大磁场强度的基础上（15kOe 以下），因此对该类合金研究中发现的 Mn 含量、Ti 含量调节相变温度及韧性改善等方面的研究，将对进一步研究提高该类合金改性，相变温区调整等具有非常重要的意义。

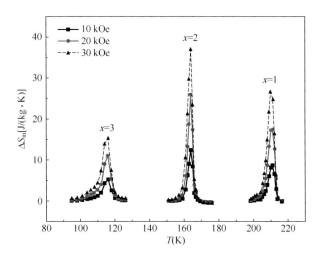

图 5.14　$Mn_{48-x}Ti_xNi_{42}Sn_{10}$（$x=1,2,3$）合金相变温区内等温磁熵变随外加磁场变化曲线

Fig. 5.14　The temperature dependence of ΔS_m in the magnetic field of 10,20,and 30kOe for $Mn_{48-x}Ti_xNi_{42}Sn_{10}$ ($x = 1,2,3$) alloys

磁相变过程中，相变温度随着外加磁场强度的变化，也会发生一定的调整。

第5章 元素掺杂对 Ni-Mn-Sn 合金相变调控及磁热特性研究

图 5.15 是 $Mn_{47}Ti_1Ni_{42}Sn_{10}$ 马氏体相变温度随外加磁场不同而发生变化的情况。测试中升降温速率为 3k/min。从图中可以看到,外加磁场为 30kOe 时的相变温度相比 10kOe 时,向低温区偏移约 6K,说明磁场强度可以驱动相变的发生,相对于传统形状记忆合金温度驱动相变,磁场驱动相变更加快速有效。从图 5.15 可以发现,尽管最大磁矩值(M)并没有随着外加磁场的增强而急剧增大,但相变温度却有一定的变化,特别是在 20kOe 到 30kOe 的过程中,温度变化约为 4K。这与对应的等温磁化曲线($M\text{-}H$)中分析结果一致。在实际应用该类合金进行磁制冷使用时,必须充分考虑从外加磁场驱动相变情况来客观分析该类合金的实际使用磁制冷温度区间。

值得注意是,该类合金在 1kOe $M\text{-}T$ 曲线以及图 5.15 中加强磁场的情况下的 $M\text{-}T$ 曲线,都显示该合金应该具有强的变磁性相变特性。从图中可以看到,该合金在 30kOe 外场升温曲线中,200K 时的磁化强度为 15emu/g,210K 时约为 60emu/g,这与等温磁化 $M\text{-}H$ 曲线(图 5.13)一致。说明利用等温磁化曲线,可以很好地反映磁场驱动相变以及变磁性相变的过程。

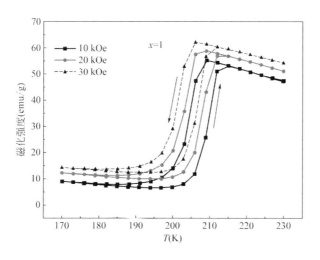

图 5.15 不同外加磁场(10kOe、20kOe、30kOe)对 $Mn_{46}Ti_1Ni_{42}Sn_{10}$ 合金相变温度影响

Fig. 5.15 The temperature dependence of magnetization M-T curves for the $Mn_{47}Ti_1Ni_{42}Sn_{10}$ alloy on heating and cooling under magnetic field of 10, 20, and 30kOe

5.4 本章小结

本章主要从铁磁性元素 Co 开始,将少量 Co 掺杂至 $Ni_{43}Mn_{46}Sn_{11}$ 合金中,可以改变合金的电子浓度,引起晶格畸变,从而影响马氏体相变温度和居里温度。同时掺杂 Co 可增大马氏体相变中新旧两相的磁性差异,从而有效地增强马氏体相变附近的磁热效应。针对不同 Co 元素掺杂替换原有 Mn 原子位置对合金相变温度、磁性能以及对应的磁制冷能力方面的影响进行了研究。已有研究表明当 Mn-Mn 原子为最近相邻时,Mn 原子间的交换作用为反铁磁作用,而当 Mn-Mn 原子为次最近相邻时,Mn 原子间的交换作用为铁磁作用。Co 原子的加入改变了原有合金中 Mn 原子的占位,进而影响 Mn-Mn 原子间的距离以及出现 Co-Mn 原子间的强交互作用,从而提高合金母相中的铁磁交换作用,增大了与马氏体相的磁性差异。

此外,针对实际使用中除了合金材料磁热效应之外,合金是否具有良好的加工性能也成为研究关键。主要研究了 Ti 掺杂对高 Mn 含量 $Mn_{48-x}Ti_xNi_{42}Sn_{10}$ ($x=1,2,3,4$)合金相变温度及磁制冷能力的影响。主要结论如下。

(1) Co 掺杂基础合金获得的 $Ni_{43}Mn_{42}Co_4Sn_{11}$ 相变温度约为 255K,符合预期的试验要求,该合金在 10kOe、20kOe 分别获得了 12.6J/(kg·K)和 27.1J/(kg·K)的等温磁熵变值。进行仪器极限磁场测试时,能够在 30kOe 外场下达到 40.0J/(kg·K)的等温磁熵变。因此该类合金组分可以充分满足接近室温磁制冷工质的进一步研究。

(2) Co 掺杂基础合金获得的 $Ni_{42.8}Mn_{40.3}Co_{5.7}Sn_{11.2}$ 相变温度约为 212K,与已有接近成分的研究预期存在不同,该合金在 10kOe、20kOe 分别获得了 15.2J/(kg·K) 和 31.1J/(kg·K)的等温磁熵变值。在 30kOe 外场下得到 46.0J/(kg·K)的等温磁熵变。但是相变温区不适用于室温磁制冷工质。针对该合金成分准备进行进一步优化熔炼加工工艺:掺杂采用先熔炼基础合金再进行 Co 共同熔炼混合。

(3)尽管该类合金可以获得很好的等温磁熵变,并且相变过程中磁化强度发生急剧变化,但是由于该类合金磁滞损耗严重,同时相变温区狭窄,并未获得大的有效磁制冷能力（RC_{eff}）。因此进一步探索提高相变温区和降低磁滞损耗成为该类合金广泛应用的必由之路。

（4）Ti 掺杂基础合金获得的 $Mn_{48}Ni_{42}Sn_{10}$ 相变温度约为 215K，符合预期的试验要求，该合金在 10kOe、20kOe 分别获得了 10.6J/(kg·K)和 20.1J/(kg·K)的大的等温磁熵变值。进行仪器极限磁场测试时，能够在 30kOe 外场下达到 26.6J/(kg·K)的等温磁熵变。因此该类合金组分可以充分满足接近室温磁制冷工质的进一步研究。

（5）尽管该类合金可以获得很好的等温磁熵变，并且相变过程中磁化强度发生急剧变化，但是由于该类合金磁滞损耗严重，同时相变温区狭窄，并未获得大的有效磁制冷能力（RC_{eff}）。因此进一步探索提高相变温区和降低磁滞损耗成为该类合金应用的关键。

参考文献

[1] Sutouy, Ohnumal K.Ainumar, et al. Ordering and martensitic transformations of Ni_2AlMn Heusler alloys[J]. Metallurgical and materials transactions A, 1998, 29(A8): 2225-2227.

[2] Ryosuke Kainuma, FumihikoGejima, Yuji Sutou, et al. Ordering, martensitic and ferromagnetic transformations in Ni-Al-Mn Heusler shape memory alloys [J]. Materials Transactions, JIM, 2000, 41(8): 943-949.

[3] Oikawa K, Wulff L, Lijima T, et al. Pormising ferromagnetic Ni-Co-Al shape memory alloy system[J]. Applied Physics Letters, 2001, 79(20): 3290-3293.

[4] Yuanchang Liang, Yuji Sutgu, Taishi Wada, et al. Magnetic field-induced reversible actuation using ferromagnetic shape memory alloys [J]. Scripta Materialia, 2003(48): 1415-1419.

[5] Morito H, Fujita A, Fukamichi K, et al. Magnetocrystalline anisotropy in single-crystal Co-Ni-Al ferromagnetic shape-memory alloy [J]. Applied Physics Letters, 2002, 8(9): 1657-1658.

[6] Jiang B H, Zhou W M, Liu Y. Recent progress of magnetic ally controlled shape memory materials [J]. Materials Science Forum, 2003, 426-432: 2285.

[7] Sutou Y, Imano Y, Koeda N, Omori T, Kainuma R, Ishida K, Oikawa K. Appl. Magnetic and

martensitic transformations of NiMnX(X=In, Sn, Sb)ferromagnetic shape memory alloys[J]. Phys. Lett., 2004(85): 4358.

[8] Krenke T, Duman E, Acet M, Wassermann E F, Moya X, Manosa L, Planes A. Inverse magnetocaloric effect in ferromagnetic Ni-Mn-Sn alloys[J]. Nat. Mater., 2005(4): 450.

[9] Han Z D, Wang D H, Zhang C L, Xuan H C, Gu B X, Du Y W. Low-field inverse magnetocaloric effect in $Ni_{50-x}Mn_{39+x}Sn_{11}$ Heusler alloys[J]. Appl. Phys. Lett., 2007(90): 042507.

[10] Zhang H, Sun Y J, Niu E, Hu F X, Sun J R, Shen B G.Enhanced mechanical properties and large magnetocaloric effects in bonded $La(Fe, Si)^{13}$-based magnetic refrigeration materials[J]. Appl. Phys. Lett., 2014(104): 062407.

[11] Li J, Numazawa T, Matsumoto K, Yanagisawa Y, Nakagome H. Comparison of different regenerator geometries for AMR system[C]. AIP Conf. roc., 2014(548): 1573.

[12] Wutting M, Craciunescu C, Li J. Phase Transformations in Ferromagnetic NiMnGa Shape Memory Films[J]. Material Transactions, 2000, 41(8): 933-937.

[13] Ge Y. The crystal and magnetic microstructure of Ni-Mn-Ga alloys[D]. Helsinki University of Technology, 2007.

[14] Bohigas X. Tunable magnetocaloric effect in ceramic perovskites[J]. Appl.Phys. Lett. 1998(73): 390.

[15] Sozinov A, Lanska N, Soroka A, Zou W. 12% magnetic field-induced strain in Ni-Mn-Ga-based non-modulated martensite. Applied Physics Letters. 2013(102): 021902.

[16] Ezera Y, Sozinov A, Kimmelqet al. Magnetic shape memory(MSM)effect in textured polycrystalline Ni_2MnGa[C]. Manfred Wuttig.Smart Materials Technologies, Washington, USA: SPIE-The Intenrational Society for Optical Engineering, 1999, 3675: 244.

[17] Ullakko K, Huang J K, O'Handley R C, Kokorin V V. Large Magnetic-field-induced Strains in Ni_2MnGa Single Crystals [J]. Applied Physics Letter, 1996, 69(13): 1966-1968.

[18] Krenke T, Duman E, Acet M, Moya X, Manosa L, Planes A. Effect of Co and Fe on the inverse magnetocaloric properties of Ni-Mn-Sn[J]. Journal of Applied Physics, 2007(102).

[19] Aksoy S, Krenke T, Acet M, Wassermann E F, Moya X, Manosa L, Planes A. Tailoring magnetic and magnetocaloric properties of martensitic transitions in ferromagnetic Heusler alloys[J]. Applied Physics Letters, 2007(91).

[20] Dincer I, Yuzuak E, Elerman Y. Influence of irreversibility on inverse magnetocaloric and magnetoresistance properties of the(Ni, Cu)$_{50}$Mn$_{36}$Sn$_{14}$ alloys[J]. Journal of Alloys and Compounds, 2010(506): 508-512.

[21] Li Z, Jing C, Zhang H L, Qiao Y F, Cao S X, Zhang J C, Sun L. A considerable metamagnetic shape memory effect without any prestrain in Ni$_{46}$Cu$_4$Mn$_{38}$Sn$_{12}$ Heusler alloy[J]. Journal of Applied Physics, 2009(106).

[22] Nayak A K, Suresh K G, Nigam A K. Magnetic, electrical, and magnetothermal properties in Ni-Co-Mn-Sb Heusler alloys[J]. Journal of Applied Physics, 2010(107).

[23] Han Z D, Wang D H, Zhang C L, Xuan H C, Zhang J R, Gu B X, Du Y W. Effect of lattice contraction on martensitic transformation and magnetocaloric effect in Ge doped Ni-Mn-Sn alloys[J]. Materials Science and Engineering B-Advanced Functional Solid-State Materials, 2009(157): 40-43.

[24] Sharma V K, Chattopadhyay M K, Roy S B. Large magnetocaloric effect in Ni$_{50}$Mn$_{33.66}$Cr$_{0.34}$In$_{16}$ alloy[J]. Journal of Physics D-Applied Physics, 2010(43).

[25] Wang R L, Yan J B, Xiao H B, Xu L S, Marchenkov V V, Xu L F, Yang C P. Effect of electron density on the martensitic transition in Ni-Mn-Sn alloys[J]. Journal of Alloys and Compounds, 2011(509): 6834-6837.

[26] Chen J, Han Z, Qian B, Zhang P, Wang D, Du Y. The influence of Al substitution on the phase transitions and magnetocaloric effect in Ni$_{43}$Mn$_{46}$Sn$_{11-x}$Al$_x$ alloys[J]. Journal of Magnetism and Magnetic Materials, 2011(323): 248-251.

[27] Zheng T F, Shi Y G, Hu C C, Fan J Y, Shi D N, Tang S L, Du Y W. Magnetocaloric effect and transition order of Mn$_5$Ge$_3$ ribbons[J]. Journal of Magnetism and Magnetic Materials, 2012(324): 4102-4105.

[28] Shi Y G, Xu L S, Zhou X G, Chen Z Y, Zheng T F, Shi D N. Magnetostructural phase transition in Ga‐doped MnNiGe compounds[J]. Physica Status Solidi a-Applications and Materials Science, 2013(210)2575-2578.

[29] Wu Z, Liu Z, Yang H, Liu Y, Wu G. Effect of Co addition on martensitic phase transformation and magnetic properties of Mn$_{50}$Ni$_{40-x}$In$_{10}$Co$_x$ polycrystalline alloys[J]. Intermetallics, 2011(19): 1839-1848.

[30] Dunand D C, Mullner P. Size effects on magnetic actuation in Ni-Mn-Ga shape-memory

alloys[J]. Advanced materials., 2011(23): 216-32.

[31] Gschneidner K A, Pecharsky V K, Tsokol A O. Recent developments in magnetocaloric materials[J]. Reports on Progress in Physics, 2005(68): 1479-1539.

[32] Pathak A K, Khan M, Dubenko I, Stadler S, Ali N. Large magnetic entropy change in $Ni_{50}Mn_{50-x}In_x$ Heusler alloys[J]. Applied Physics Letters, 2007(90).

[33] Arrott A. Criterion for ferromagnetism from observations of magnetic isotherms[J]. Phys. Rev., 1957(108): 1394.

[34] Duc N H, Kim D T, Anh P E. Brommer. Metamagnetism, giant magnetoresistance and magnetocaloric effects in RCo_2-based compounds in the vicinity of the Curie temperature[J]. Physica B, 2002(319): 1.

[35] Wang D H, Zhang C L, Xuan H C, Han Z D, Zhang J R, Tang S L, Gu B X, Du Y W. The study of low-field positive and negative magnetic entropy changes in $Ni_{43}Mn_{46-x}Cu_xSn_{11}$ alloys[J]. Appl. Phys., 2007(102): 013909.

[36] Franco V, Blázquez J S, Conde C F, Conde A. A Finemet-type alloy as a low-cost candidate for high-temperature magnetic refrigeration[J]. Appl. Phys. Lett., 2006(88): 042505.

[37] Rocco D L, Amaral J S, Leitão J V, Amaral V S, Reis M S, Fernandes R P, Pereira A M, Araújo J P, Martins N V, Tavares P B, Coelho A A. Percolation processes and spin-reorientation of $PrNi_{5-x}Co_x$[J]. Phys. Rev.: B, 2009(79): 014428.

[38] Hernando B, Sánchez Llamazares J L, Prida V M, Baldomir D, Serantes D. Magnetocaloric effect in preferentially textured Mn50Ni40In10 melt spun ribbons[J]. Appl. Phys. Lett., 2009(94): 222502.

[39] Brown G V. Magnetic heat pumping near room temperature[J]. Journal of Applied Physics, 1976(47): 3673-3680.

[40] Pecharsky V K, Gschneidner K A. Giant Magnetocaloric Effect in $Gd_5(Si_2Ge_2)$[J]. Physical Review Letters, 1997(78): 4494-4497.

[41] Sozinov A, Likhachev A A, Lanska N, Ullakko K. Giant magnetic-field-induced strain in NiMnGa seven-layered martensitic phase[J]. Applied Physics Letters, 2002(80): 1746-1748.

[42] Sutou Y, Imano Y, Koeda N, Omori T, Kainuma R, Ishida K, Oikawa K. Magnetic and martensitic transformations of NiMnX(X=In, Sn, Sb)ferromagnetic shape memory alloys[J]. Appl. Phys. Lett., 2004(85): 4358.

[43] Krenke T, Acet M, Wassermann E F, Moya X, Mañosa L, Planes A. Martensitic transitions and the nature of ferromagnetism in the austenitic and martensitic states of Ni-Mn-Sn alloys[J]. Phys. Rev. B, 2005(72): 014412.

[44] Brown P J, Gandy A P, Ishida K, Kainuma R, Kanomata T, Neumann K U, Oikawa K, Ouladdiaf B, Ziebeck K R A. The magnetic and structural properties of the magnetic shape memory compound $Ni_2Mn_{1.44}Sn_{0.56}$[J]. Journal of Physics-Condensed Matter, 2006(18): 2249-2259.

[45] Kainuma R, Imano Y, Ito W, Sutou Y, Morito H, Okamoto S, Kitakami O, Oikawa K, Fujita A, Kanomata T, Ishida K. Magnetic-field-induced shape recovery by reverse phase transformation [J]. Nature, 2006(439): 957-960.

[46] Krenke T, Acet M, Wassermann E F, Moya X, Manosa L, Planes A. Ferromagnetism in the austenitic and martensitic states of Ni-Mn-In alloys[J]. Physical Review B, 2006(73).

[47] Kainuma R, Imano Y, Ito W, Morito H, Sutou Y, Oikawa K, Fujita A, Ishida K, Okamoto S, Kitakami O. Metamagnetic shape memory effect in a Heusler-type $Ni_{43}Co_7Mn_{39}Sn_{11}$ polycrystalline alloy[J]. Applied Physics Letters, 2006(88).

[48] Oikawa K, Ito W, Imano Y, Sutou Y, Kainuma R, Ishida K, Okamoto S, Kitakami O, Kanomata T. Effect of magnetic field on martensitic transition of Ni46Mn41In13 Heusler alloy[J]. Applied Physics Letters, 2006(88).

[49] Ito W, Imano Y, Kainuma R, Sutou Y, Oikawa K, Ishida K. Martensitic and magnetic transformation behaviors in Heusler-type NiMnIn and NiCoMnIn metamagnetic shape memory alloys[J]. Metallurgical and Materials Transactions a-Physical Metallurgy and Materials Science, 2007(38A): 759-766.

[50] Manosa L, Gonzalez-Alonso D, Planes A, Bonnot E, Barrio M, Tamarit J-L, Aksoy S, Acet M. Giant solid-state barocaloric effect in the Ni-Mn-In magnetic shape-memory alloy[J]. Nature materials, 2010(9): 478-481.

[51] Shamberger P J, Ohuchi F S. Hysteresis of the martensitic phase transition in magnetocaloric-effect Ni-Mn-Sn alloys[J]. Physical Review: B, 2009(79).

[52] Xuan H C, Wang D H, Zhang C L, Han Z D, Gu B X, Du Y W. Boron's effect on martensitic transformation and magnetocaloric effect in $Ni_{43}Mn_{46}Sn_{11}Bx$ alloys[J]. Applied Physics Letters, 2008(92).

[53] Bhobe P A, Priolkar K R, Nigam A K. Room temperature magnetocaloric effect in Ni-Mn-In[J]. Applied Physics Letters, 2007(91).

[54] Wang R L, Yan J B, Xiao H B, Xu L S, Marchenkov V V, Xu L F, Yang C P. Effect of electron density on the martensitic transition in Ni-Mn-Sn alloys[J]. Journal of Alloys and Compounds, 2011(509): 6834-6837.

[55] Xuan H C, Wang D H, Zhang C L, Han Z D, Liu H S, Gu B X, Du Y W. The large low-field magnetic entropy changes in $Ni_{43}Mn_{46}Sn_{11-x}Sb_x$ alloys[J]. Solid State Communications, 2007(142): 591-594.

[56] Xuan H C, Zheng Y X, Ma S C, Cao Q Q, Wang D H, Du Y W. The martensitic transformation, magnetocaloric effect, and magnetoresistance in high-Mn content $Mn_{47+x}Ni_{43-x}Sn_{10}$ ferromagnetic shape memory alloys[J]. Journal of Applied Physics, 2010(108).

[57] Wu Z, Liu Z, Yang H, Liu Y, Wu G. Effect of Co addition on martensitic phase transformation and magnetic properties of $Mn_{50}Ni_{40-x}In_{10}Co_x$ polycrystalline alloys[J]. Intermetallics, 2011(19): 1839-1848.

[58] Dong G F, Gao Z Y, Tan C L, Sui J H, Cai W. Phase transformation and magnetic properties of Ni-Mn-Ga-Ti ferromagnetic shape memory alloys[J]. Journal of Alloys and Compounds, 2010(508): 47-50.

[59] Dong G F, Gao L, Tan C L, Cai W. Microstructure, martensitic transformation and properties in the $Ni_{50}Mn_{30}Ga_{16}Cu_4$ ferromagnetic shape memory alloy[J]. Materials Science and Engineering a-Structural Materials Properties Microstructure and Processing, 2012(558): 338-342.

[60] Blugel S, Weinert M, Dederichs P H. Ferromagnetism and antiferromagnetism of 3d-metal overlayers on metals[J]. Physical Review Letters, 1988(60): 1077-1080.

[61] Han Z D, Wang D H, Zhang C L, Xuan H C, Zhang J R, Gu B X, Du Y W. Effect of lattice contraction on martensitic transformation and magnetocaloric effect in Ge doped Ni-Mn-Sn alloys[J]. Materials Science and Engineering B-Advanced Functional Solid-State Materials, 2009(157): 40-43.

[62] Krenke T, Duman E, Acet M, Wassermann E F, Moya X, Manosa L, Planes A. Inverse magnetocaloric effect in ferromagnetic Ni-Mn-Sn alloys[J]. Nature materials, 2005(4): 450-454.

[63] Han Z D, Wang D H, Zhang C L, Xuan H C, Gu B X, Du Y W. Low-field inverse magnetocaloric effect in $Ni_{50-x}Mn_{39+x}Sn_{11}$ Heusler alloys[J]. Applied Physics Letters, 2007(90).

第 6 章

取向 Ni-Mn-Sn 薄带及其力-磁-电特性

6.1 引言

自从 1997 年在 $Gd_5Si_2Ge_2$ 合金中获得室温巨磁热效应以来，室温磁制冷这种经济、环保并且具有广泛应用前途的制冷方式，越来越受到广泛关注。然而这种制冷方式要得到广泛应用就需要磁制冷工质既要具有大的磁热效应同时又要成本低廉，且可以很好地被目前广泛使用的商业永磁体驱动工作。尽管磁制冷工质有多种选择，Gd-Si-Ge、$LaFe_{13-x}Si_x$、$MnFeP_{1-x}As_x$ 以及 Ni-Mn 基哈斯勒合金，且关于磁制冷能力的研究报道也非常深入，但是基于目前广泛使用的以稀土永磁为代表的 NdFeB（10～15kOe）级磁体磁制冷方面的研究并未深入开展。

Ni-Mn 基铁磁形状记忆合金作为一种新型的磁制冷工质，具有无稀土元素且价格低廉的优点而得到众多研究人员的重视。自 2006 年以来，研究人员对以 NiMnSn 和 NiMnIn 合金为代表的磁制冷工质进行了深入研究。该类合金在相变过程中所表现出的急剧磁化强度变化（ΔM）、相变温度可调，以及磁电阻特性等，得到了广泛的研究。在 NiMnIn 合金中获得了大的磁电阻以及良好的磁制冷能力，但是相对于 In 高昂的价格，NiMnSn 的研究将更加具有工业应用前景。

到目前为止，制约 Ni-Mn 基合金作为磁制冷工质被广泛应用的主要原因是该类合金所特有的磁滞和热滞。作为磁制冷工质，除了要具有大的等温磁熵变（ΔS）还需要获得大的 RC。尽管已有块体合金中的 ΔS 值非常诱人，但是将磁滞损耗考虑到有效磁制冷能力内，其真实 RC 就有约 30%的损失，严重制约了其工业应用。

熔体快淬制备薄带可以有效地提高该类合金的磁制冷能力，同时高速急冷的过程能有效地保持合金高度有序，并且相对于块体合金可以极大地节省热处理时间，这些成为该类合金的研究重点。熔体快淬薄带能够有效地控制晶体生长取向，因此更易于获得大的 ΔS。在织构化 $Mn_{50}Ni_{40}In_{10}$（30kOe）和 $Ni_{46}Co_4Mn_{38}Sb_{12}$（50kOe）薄带合金的研究中发现可以获得大的磁制冷能力以及巨大的磁电阻特性。对上述两种薄带合金磁滞冷能力的研究表明，在较高磁场（30kOe）情况下，磁制冷能力与外加磁场垂直或者平行薄带方向没有直接关系，但是对于 Ni-Mn-Sn 薄带以及较低磁场强度的研究并没有实际报道。

基于上述原因，本章主要利用熔体快淬方法，制备具有择优取向的 $Mn_{44.7}Ni_{43.5}Sn_{11.8}$ 合金薄带，对该薄带在永磁体磁场强度（10kOe 和 15kOe）范围内的磁制冷能力进行系统分析。主要研究该薄带在不同外加磁场方向（$H_{//}$，$H_{\perp}$）情况下的等温磁熵变、磁滞损耗以及磁制冷能力等，同时对该薄带合金垂直磁场方向马氏体相变过程中磁电阻特性进行研究，结合新引进的等静压模块对该薄带进行力-磁特性研究。

本章主要采用 X 射线衍射分析（XRD）、振动样品磁强计（VSM）和场发射扫描电子显微镜（FE-SEM）等技术系统研究了热处理温度对 $Mn_{44.7}Ni_{43.5}Sn_{11.8}$ 合金薄带的晶体结构、微观组织结构、相变温度、截面微结构及马氏体条带与磁制冷的关系，为进一步揭示磁场驱动机理进行有益的尝试。本章还利用 VersaLab 多功能磁电测试系统对薄带相变过程中磁电阻进行了系统性的研究。

6.2 Ni-Mn-Sn 薄带晶体结构及微观组织

熔体快淬技术制备技术是合金液流在激冷作用下实现快速凝固的过程。由于该过程进行得极快，薄带样品由于急冷会引入内应力，导致非晶化或者晶化不完整，因此对薄带热处理，有效去除其内应力，使薄带样品进一步有序化、取向一致十分重要。利用电弧熔炼制备基础合金，采用熔体快淬设备制备薄带，铜辊转速为18m/s。将制备的$Mn_{44.7}Ni_{43.5}Sn_{11.8}$（原子分数）部分薄带试样装入真空热处理炉进行热处理，本底真空度2×10^{-4}Pa，热处理分别1073K，保温时间为1h。

图 6.1 为$Mn_{44.7}Ni_{43.5}Sn_{11.8}$（原子分数）合金薄带原始试样及热处理后试样室温下的 X 射线衍射图谱，对比已有研究文献，可以发现该薄带室温下表现出典型的 $L2_1$ 奥氏体结构，因此可以估计该试样相变温度低于室温。对比图 6.2 $Ni_{43}Mn_{42}Co_4Sn_{11}$ 合金的 XRD 衍射峰分析可以发现，尽管薄带试样的衍射峰位置与 $Ni_{43}Mn_{42}Co_4Sn_{11}$ 的一致，但是衍射峰强度却又有着明显的区别，（220）取向强度大大降低，但（400）成为衍射极大方向。峰强度对比发生了明显的变化，说明该薄带合金生长机制发生变化。原始薄带及热处理薄带都表现出明显的择优生长。这一结果与$Mn_{50}Ni_{40}In_{10}$（30kOe）和$Ni_{46}Co_4Mn_{38}Sb_{12}$（50kOe）的相关文献报道接近。衍射分析表明，（400）取向垂直于薄带表面。薄带样品具有接近单晶择优生长特性。对 XRD 进行分析计算，可以初步得到晶格常数从原始的 5.994Å 减小为 5.985Å，这与衍射峰向高角度偏移相一致。相比未热处理状态，热处理后晶体的晶格常数与晶胞体积都发生减小，这应该是由于热处理过程使得晶体进一步有序化和内应力减小。

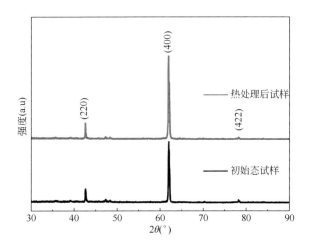

图 6.1 室温下$Mn_{44.7}Ni_{43.5}Sn_{11.8}$合金薄带原始及 1073K 热处理 1h 的 X 射线衍射谱图

Fig. 6.1 The room-temperature XRD patterns of $Mn_{44.7}Ni_{43.5}Sn_{11.8}$ as-spun and annealed for 1h at 1073 K

热处理过程是一个再结晶过程,通常晶粒的长大是通过晶界的迁移实现的,晶界的迁移是一个热激活过程,随着热处理温度的升高,晶粒将逐渐长大,并且取向性将增强。

图 6.2 是 Ni-Mn-Sn 合金薄带经 1073K 热处理 1h 后的扫描电镜图。从图 6.2(a) 中可以看出,$Mn_{44.7}Ni_{43.5}Sn_{11.8}$ 合金薄带退火处理后,晶粒显著增大,尺寸为 3~5μm 的晶粒显示为粗大的等轴晶。图 6.2(b) 中显示的是 $Mn_{44.7}Ni_{43.5}Sn_{11.8}$ 薄带截面电镜图,其中薄带呈现出完全结晶和柱状型微结构。柱状晶粒的较长轴线具有择优生长趋势,除了靠近熔体快淬过程中接近铜辊侧部分小晶粒外,基本是沿着垂直薄带表面方向生长,很多晶粒直接沿着厚度方向呈现大晶粒的特性。截面分析表明,在快速凝固过程中,熔体快淬工艺能够诱导具有取向优势的薄带定向生长。图中可以看到,薄带厚度约为 40μm,柱状晶基本保持长轴方向约 40μm,直径为 3~5μm。这种具有择优取向生长的薄带试样,对于磁场驱动相变、磁滞损耗以及其他特性等,应该与传统铸态合金中大晶粒无方向生长模式有一定区别。

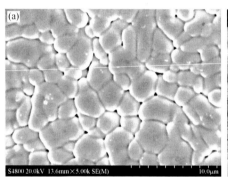
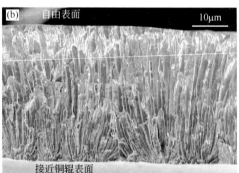

图 6.2 $Mn_{44.7}Ni_{43.5}Sn_{11.8}$ 合金薄带热处理化表面(a)及截面(b)电镜图

Fig. 6.2 The scanning electron micrographs of $Mn_{44.7}Ni_{43.5}Sn_{11.8}$ alloy ribbon after annealed free surface (a) and cross-section (b)

6.3 取向生长 Ni-Mn-Sn 薄带磁制冷特性

热处理过程中薄带内应力去除及晶体生长的有序化,$Mn_{44.7}Ni_{43.5}Sn_{11.8}$ 合金薄带将表现出典型的热弹性马氏体相变。由于 $Mn_{44.7}Ni_{43.5}Sn_{11.8}$ 是典型的磁性形

第6章 取向 Ni-Mn-Sn 薄带及其力-磁-电特性

状记忆合金，因此对于其相变温度的测试除了测试相变点外，还需要测试奥氏体居里温度 T_C^A。

图 6.3 为 $Mn_{44.7}Ni_{43.5}Sn_{11.8}$ 合金薄带样品的 DSC 原始测试曲线，升降温速率为 2K/min。从图 6.3 可以看出，$Mn_{44.7}Ni_{43.5}Sn_{11.8}$ 合金薄带具有典型的热弹性马氏体相变过程。试验中主要采用磁矩随温度变化曲线（M-T）进行相变温度及居里点的测试，该测试方法除可以进行相变温度测试外，还能对有关样品磁性能进行有效的测试。试验中采用磁矩随温度变化曲线（M-T），利用 Quantum Design 公司 VersaLab 多功能振动样品磁强计对样品薄带进行测试，图 6.3（a）中 100Oe 的外场平行于薄带表面，测试温度为 100~320K，从图中可以清晰地看到在整个温区范围内，只存在一类马氏体相变，M_s=262K，M_f=258K，A_s=268K，以及 A_f=272K。奥氏体居里温度（T_C^A）为 286K，马氏体居里温度 T_C^M 约为 185K。曲线反映出该薄带试样在相变区间内磁性能有明显的变化，即使在外加磁场强度为 100Oe 的情况下，ΔM 约为 30emu/g。充分说明薄带试样晶体结构及取向对磁性能的影响。图 6.3（b）中 10kOe 的外场垂直于薄带表面，测试温度 150~320K，从图中可以清晰地看到在整个温区范围内，只存在一类马氏体相变，由于外加磁场增强，马氏体居里温度已经不能分辨。在外加 10kOe 磁场垂直薄带的情况下，ΔM 约为 45emu/g。相变过程中获得了理想的磁环强度梯度，且相变温区接近 273K 范围。

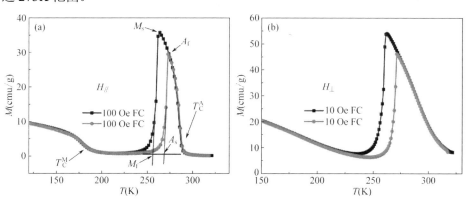

图 6.3 $Mn_{44.7}Ni_{43.5}Sn_{11.8}$ 薄带试样相变温度内不同外加磁场 M-T 曲线 $H_{//}$=100Oe（a）和 $H_\perp$=10kOe（b）

Fig. 6.3 The M-T curves for $Mn_{44.7}Ni_{43.5}Sn_{11.8}$ alloy ribbons on heating and cooling under a magnetic field of $H_{//}$=100Oe (a) and $H_\perp$=10kOe (b)

目前商业稀土永磁 NdFeB 等永磁体具有最大磁能积（BH）Max，但是该类磁体的磁场强度主要集中在 10～12kOe 水平，特别是应用过程中需要考虑永磁体真实工作区域磁场强度。本章磁制冷能力研究主要对工质材料在最大磁场强度为 15kOe 范围内，马氏体相变过程中接近马氏体相变温度（M_T）时的等温磁熵变（ΔS）、磁滞损耗（Hysteresis Loss，HL）以及磁制冷能力（RC），特别是有效磁制冷能力（RC_{eff}）进行研究，以期能有效地提高现有 Ni-Mn 基磁制冷材料的实际应用。

图 6.4 是 $Mn_{44.7}Ni_{43.5}Sn_{11.8}$ 合金薄带 1073K 热处理 1h 试样马氏体相变过程中的等温磁化曲线（M-H）。从 M-H 曲线中可以看到当测试温度高于 272K 时，试样表现出典型的铁磁磁化行为。从测试温度在 267K 和 272K 之间的升温 M-H 曲线中可以看到，典型的磁场驱动下的马氏体相变过程伴随着磁化过程同时进行，发生了磁场驱动马氏体相变。图 6.4 中可以看到，薄带试样磁制冷能力测试（等温磁化曲线测试），主要采用的是垂直薄带表面以及平行薄带表面。这一过程中，如果仅仅对比不同磁场方向（$H_{//}$ 和 $H_{\perp}$）上饱和磁化强度的变化（ΔM），并没有发现实质性的区别，在外加磁场强度为 10kOe，$H_{//}$ 方向 ΔM =41emu/g，$H_{\perp}$ 方向 ΔM 约为 40emu/g。这一测试结果与文献中 $Ni_{48}Mn_{39.5}Sn_{12.5-x}Al_x$ 合金薄带试样在 298K 利用变角度磁化样品杆测试结果一致。图 6.4（a）和 6.4（b）中初始磁化曲线及退磁曲线所包围区域，反映了影响 Ni-Mn 基合金磁相变过程中磁制冷能力的关键因素——磁滞损耗。对比图 6.4（a）和 6.4（b）中不同灰色填充区域面积可以发现，尽管在外加不同磁场方向时磁化强度变化基本一致，但是相变过程中的磁滞损耗却有着非常明显的不同。通过对比可以发现，马氏体相变温度没有区别，但是在相同温度下的测试结果却完全不同，以马氏体相变终止温度 271K 为例，图 6.4（a）中可以看到典型的磁场驱动马氏体相变过程，即磁化强度伴随着磁场的增加，当外加平行磁场强度约为 5000Oe 时，饱和磁化强度才趋于与退磁过程相一致，这一过程中发生了明显的磁场驱动磁畴转向过程，表现为典型的磁畴随着外加磁场增强而取向发生变化。但在图 6.4（b）中，同样是在 271K，初始磁化曲线与退磁化曲线几乎完全重合，没有磁场驱动相变及磁畴随外磁场变化的过程。磁性材料的磁化是由于在外磁场作用下，磁畴的转变和磁畴壁的移动所导致的。对于多晶试样，由于各个晶粒的晶轴取向混乱以及晶粒之间的相互作用，磁畴结构非常复杂，使得畴壁位移过程与磁化矢量

转动过程两个阶段不易分开。但是在强磁场范围，畴壁位移过程将完全停止，磁化矢量转动成为磁化的唯一动力。在这种情况下，由于各种多晶体的磁化均来自磁化矢量的转动过程。对比 270K 时 M-H 曲线可以发现，该温度时曲线整体趋势一致，且在外场 10kOe 时，饱和磁化强度也一致，但是可以看到由于取向导致的各向异性。哈斯勒合金中，马氏体相变过程中伴随着孪晶及磁化矢量的取向过程，伴随外磁场增加，磁化矢量将进行转向，以利于相变的进行。由于磁化及退磁化过程伴随着能量转化过程，两者所围面积反映了该过程中的能量损耗，从两者曲线可以发现，不同外加磁场方向对试样相变过程，即磁能的影响有着质的区别。当测试温度为 272K 时，我们可以发现，由于相变完成，马氏体已经转变为高对称结构的奥氏体相，晶格常数趋于一致，此时磁化曲线所围面积基本一致，表现出磁滞损耗在奥氏体相的高度一致性。因此，伴随着温度的升高，磁场驱动的马氏体一级相变在相变温度区域完成，该相变过程中薄带合金表现出了明显的各向异性特性。

图 6.4（c）和 6.4（d）中显示的是合金薄带试样在外加 15kOe 不同方向（$H_{//}$ 和 $H_\perp$）磁场情况下的等温磁化曲线，从中可以看到其整体变化趋势与 10kOe 外场情况下基本一致。对比 6.4（c）和 6.4（d）曲线所围区域内磁滞损耗面积（不同灰色填充区域）可以发现，两者的面积差距不再十分明显。尽管不同磁场方向之间的磁化过程仍然明显存在各向异性，但是外加磁场方向对磁滞损耗影响已经伴随着外磁场的增加而发生了实质的变化。对比 6.4（a）和 6.4（c）中相变过程可以发现，存在最大磁滞损耗的相变温度已经从 10kOe 时的 271K 降低至 270K。这说明马氏体相变温度可以通过外加磁场强度进行调节，伴随着外加磁场强度的增加，相变温度向低温区偏移，对比已有数值可以发现增加 5kOe 外磁场可以调节 1K 相变温度。同时可以发现，尽管试样表现出各向异性，但是伴随着外加磁场的增加，各向异性常数对磁相变过程中磁滞损耗影响急剧降低。

试样等温磁熵变利用图 6.4 升温过程中马氏体相变等温磁化曲线，采用麦克斯韦关系式进行计算。

$$\Delta S_\mathrm{m}(T,H) = \int_0^H \left(\frac{\partial H(T,H)}{\partial T}\right)_H \mathrm{d}H \qquad (6.1)$$

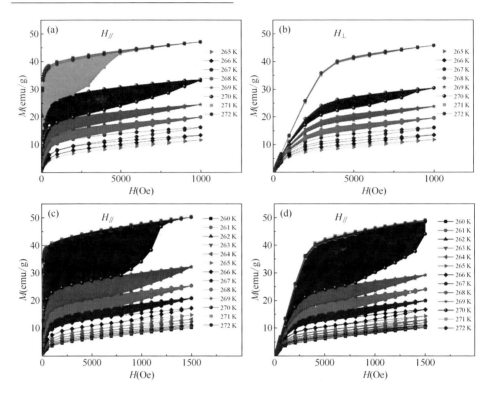

图 6.4 Mn$_{44.7}$Ni$_{43.5}$Sn$_{11.8}$ 薄带试样相变过程中不同磁场强度（10kOe、15kOe）、方向（$H_{//}$ 和 $H_\perp$）等温磁化曲线以及磁滞损耗区域图

Fig. 6.4 The Isothermal magnetization curves for the same alloy ribbon measured in various temperatures at $H_{//}$ and $H_\perp$ directions for a magnetic field of 10kOe and 15kOe. The shaded areas in(a), (b), (c), and(d)are HL

图 6.5 是不同温度情况下的等温磁熵变（ΔS_m）及磁滞损耗（H_L）变化曲线，图中可以看到，其最大等温磁熵变值以及磁滞损耗伴随着不同外加磁场强度方向以及磁场强度变化。图 6.5 曲线中数据表明，在平行薄带方向上分别获得了 9.1（$H_{//}$，10kOe）、15.7（$H_{//}$，15kOe）的 ΔS_m，在垂直薄带方向 ΔS_m 为 8.8J/(kg·K)（$H_\perp$，10kOe），15.1J/(kg·K)（$H_\perp$，15kOe）。如果仅仅对比 ΔS_m，同时考虑计算中误差因素，可以认为磁场强度方向对试样没有影响。出现这一结果的原因在于用来计算等温磁熵变的麦克斯韦公式仅仅考虑了初始磁化过程，特别是接近最高磁场强度时的磁化强度数值，而并未对磁化过程，特别是退磁化过程进行考虑。大 ΔS_m 来源于马氏体相变过程中低温马氏体相弱磁性以及高温铁磁奥氏体

之间的相变。在这类合金中，磁性能主要来源于 Mn 原子，特别是相变过程中 Mn-Mn 原子间距的敏感变化。

图 6.5（c）、（d）中，磁滞损耗（H_L）柱状图反映了相变过程中，不同温区初始磁化曲线与退磁曲线之间所包围区域的面积。图 6.5（c）中可以发现，在外加磁场 10kOe 的条件下，磁场方向对磁滞损耗影响有着明显的影响，特别是在接近相变结束温度附近，浅灰色柱状图（$H_{//}$）的面积远远大于同一温度时垂直方向的面积，这与等温磁化曲线以及试样具有磁各向异性有关。图 6.5（d）中，当外加磁场为 15kOe 的情况下，磁场方向对磁滞损耗影响明显降低，特别是在接近相变结束温度 270K 附近，浅灰色柱状图（$H_{//}$）的面积反而出现了小于同一温度时垂直方向的面积，这与等温磁化曲线相一致。

为了真实反映升温马氏体相变过程中磁场强度、磁场方向、磁滞损耗之间的关系，我们对试样磁制冷能力进行了分析计算。磁制冷能力（RC）采用第 3 章中的计算原理计算。RC 计算采用图 6.5（a）、（b）中的 ΔS_m-T 曲线进行计算，其中积分限温度选取曲线中的最大等温磁熵变曲线半高宽所对应温度。由于铁磁相变过程中磁滞损耗的存在，因此计算磁制冷能力必须扣除由于磁滞损耗而消耗的能量。磁滞损耗计算采用图 6.5（c）、（d）中的 H_L-T 曲线进行，其中积分限温度选取 ΔS_m-T 曲线中的半高宽所对应温度。

计算结果表明，当磁场强度在低磁场（10kOe）时，外加磁化过程中，磁场方向对磁制冷能力有着明显的影响。对于 $Mn_{44.7}Ni_{43.5}Sn_{11.8}$ 合金薄带试样，磁制冷能力分别为 17.1J/kg（$H_\perp$）和 18.0J/kg（$H_{//}$），平均磁滞损耗分别为 1.8J/kg（$H_\perp$）和 4.7J/kg（$H_{//}$）。因此净磁化能力即扣除磁滞损耗后的结果转变为 15.3J/kg（$H_\perp$）和 13.3J/kg（$H_{//}$）。对比可以发现，尽管在未考虑磁滞损耗时，垂直磁场方向并未获得最大的 RC 计算结果，但是由于该方向磁滞损耗远远低于平行磁场方向。测试结果表明在较低磁场强度（10kOe）时，取向 $Mn_{44.7}Ni_{43.5}Sn_{11.8}$ 合金薄带能够通过有效的控制磁滞损耗来提高净磁制冷能力。当磁场强度升高为 15kOe 时，外加磁化过程中，磁场方向对磁制冷能力影响基本消失。这一研究结果与已有文献中，关于织构化 $Mn_{50}Ni_{40}In_{10}$（30kOe）和 $Ni_{46}Co_4Mn_{38}Sb_{12}$（50kOe）薄带的研究成果相一致。研究表明，尽管在较高外磁场情况下，取向薄带对净磁制冷能力影响没有影响，但是考虑到目前工业化应用中稀土永磁磁体的磁化强度，磁制冷工质取向生长将对该类合金应用以及将磁制冷应用推广具有非常现实的研究意义。

以本试验中取向 $Mn_{44.7}Ni_{43.5}Sn_{11.8}$ 薄带为例，采用取向薄带，并通过调整外加磁场强度方向，磁滞损耗对净磁制冷能力的影响将由 30%（$H_{//}$）降低为 10%（$H_{\perp}$），这将对节能减排、绿色制冷等的发展产生关键的推动作用。

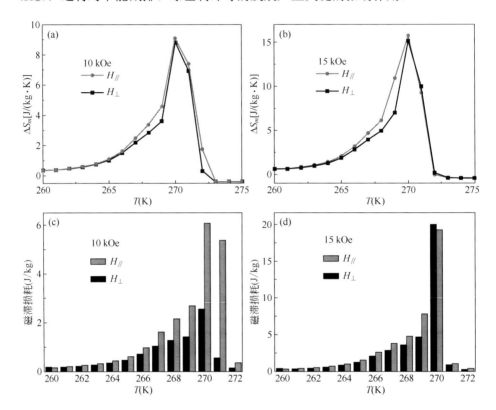

图 6.5　磁场方向对 $Mn_{44.7}Ni_{43.5}Sn_{11.8}$ 薄带不同温度情况下的等温磁熵变（ΔS_m）

及磁滞损耗（H_L）变化曲线［10kOe（a），（c）15kOe（b），（d）］

Fig. 6.5　Temperature dependences of ΔS_m and HL in the magnetic fields of 10 (a), (c) and 15kOe(b),(d)for $Mn_{44.7}Ni_{43.5}Sn_{11.8}$ alloy ribbon measured in various temperatures at $H_{//}$ and $H_{\perp}$ directions at MT

在稀土永磁磁场强度下（10kOe），$Mn_{44.7}Ni_{43.5}Sn_{11.8}$ 薄带试样出现外加磁场方向对磁制冷能力影响的原因主要从以下几个方面进行分析。铁磁形状记忆合金测试中，马氏体相 M-H 曲线反应的是孪晶变体随着外加磁场变化的磁化过程。测试中所表现出来的由于取向生长所特有的各向异性导致不同磁场方向，磁化过程明显不同，马氏体状态由于不对称结构转变显示出强各向异性，晶体中的原子排列，以及强磁耦合、长程有序等都对磁化过程产生明显影响。

图 6.5 为 $Mn_{44.7}Ni_{43.5}Sn_{11.8}$ 薄带热处理后试样室温下的 X 射线衍射图谱，对比已有研究文献，可以发现该薄带室温下表现出典型的 $L2_1$ 奥氏体结构，对比图 6.2 中 $Ni_{43}Mn_{42}Co_4Sn_{11}$ 合金的 XRD 衍射峰可以发现，薄带试样尽管衍射峰位置与 $Ni_{43}Mn_{42}Co_4Sn_{11}$ 一致，但是衍射峰强度却又有着明显的区别，（220）取向强度大大降低，但（400）成为衍射极大方向。峰强对比发生了明显的变化，说明该薄带合金生长机制发生变化。原始薄带及热处理薄带都表现出明显的择优生长。这一研究与 $Mn_{50}Ni_{40}In_{10}$（30kOe）和 $Ni_{46}Co_4Mn_{38}Sb_{12}$（50kOe）文献报道接近。衍射分析表明，（400）取向垂直于薄带表面。薄带样品具有接近单晶择优生长特性。文献中利用变温 XRD 对具有取向生长的薄带研究表明，奥氏体相薄带表面择优方向为（400），在降温至马氏体相时，取向转变为（040）。等温磁化曲线测试过程中，磁化伴随着相变的发生，而相变过程中，晶体内部结构以及磁畴等都在伴随着取向的变化而变化，因此磁滞损耗类似于磁能存储过程，在不同方向磁化所消耗的磁能不同，从而影响到磁制冷能力。

磁性材料的磁化是由于在外磁场作用下，磁畴的转变和磁畴壁的移动所导致的。对于多晶试样，由于各个晶粒的晶轴取向混乱以及晶粒之间的相互作用，磁畴结构非常复杂，使得畴壁位移过程与磁化矢量转动过程两个阶段不易分开。但是在强磁场范围，畴壁位移过程将完全停止，磁化矢量转动成为磁化的唯一动力。在这种情况下，由于各种多晶体的磁化均来自磁化矢量的转动过程，因此具有共同的规律。

另外，图 6.2 中可以看到，取向生长薄带试样，平均晶粒直径约为 3~5μm，但是柱状晶沿着垂直薄带试样方向生长，长度约 40μm，几乎贯穿试样厚度，在该方向上，晶体内部组织一致，有利于磁化过程中磁畴及畴壁位移过程的转动，从而影响到磁制冷能力。

6.4 薄带马氏体相变过程中磁电阻特性

本节主要讨论利用熔体快淬制备的取向 $Mn_{44.7}Ni_{43.5}Sn_{11.8}$ 薄带合金磁电阻特

性。在测试过程中，由于测试仪器限制，特别是薄带试样的独特结构，磁电阻 MR 采用四线法测试，其中外加磁场方向垂直薄带试样表面。并且利用该合金相变温区接近 273K 特性，利用等温磁电阻随磁化过程变化曲线（MR-H），对薄带试样磁电阻在相变温区内进行逐一温度梯度的测试，以期寻找最佳磁电阻变化特性，同时深入分析其中变化机理。

图 6.6 是 $Mn_{44.7}Ni_{43.5}Sn_{11.8}$ 薄带电阻随温度变化的测试曲线，其中 R-T 测试过程中采用外加磁场为零，仅仅利用相变温区内结构变化导致其电阻变化进行。因此该测试更能真实地反映试样在马氏体相变过程中的信息。借鉴原有相变温度标注特点，此处磁电阻中相变温度采用右上角增加字母 R（电阻）来进行区别。R-T 曲线中可以看到 M_s^R、M_f^R、A_s^R 以及 A_f^R 温度约为 268K、263K、273K、277K。对比之前图 6.2 中 M-T 测试曲线，可以发现两者之间存在约 5K 的偏移，但是整体曲线一致。出现这一差异主要是由测试原理、测试方法造成的。由于 R-T 曲线是阻值随温度变化过程，对于磁性材料，零磁场测试，更能体现其内部结构转变中的信息。

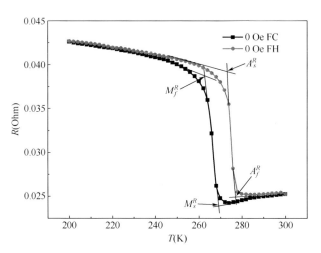

图 6.6 $Mn_{44.7}Ni_{43.5}Sn_{11.8}$ 薄带试样外加磁场为零时电阻-温度变化曲线

Fig. 6.6 The R-T curves measured on heating and cooling without magnetic field of $Mn_{44.7}Ni_{43.5}Sn_{11.8}$ ribbon

磁电阻特性是磁性材料在外加磁场情况下，电阻随磁场变化的特性，其本质是磁性材料中自旋磁矩与材料的磁场方向平行的电子，所受散射概率远小于自旋磁矩与材料的磁场方向反平行的电子。Ni-Mn-Sn 合金中,马氏体相变过程中晶体结构经历从高温铁磁奥氏体相向低温马氏体相转变的过程,从 M-T 曲线分析中可以发现,相变进行中没有其他结构的马氏体相。

图 6.7(a)中,是 $Mn_{44.7}Ni_{43.5}Sn_{11.8}$ 薄带试样在外加磁场强度为零及 30kOe 情况下,从低温马氏体相向高温奥氏体相转变过程中的电阻温度曲线。对比 R-T 曲线可以发现,相对未加磁场时的相变温度,当外加磁场强度为 30kOe 时,相变温度向低温区偏移,说明 $Mn_{44.7}Ni_{43.5}Sn_{11.8}$ 磁性形状记忆合金薄带试样在外磁场驱动下,相转变温度变化约为 5K。这一结果与之前 10kOe 与 15kOe 中所得到的 5000Oe 影响相变温度约为 1K 的结论相一致。由于磁场驱动相变,因此在进行不同温度磁电阻与磁场强度关系测试时必须充分考虑由于外场导致的相变偏移影响。基于已有研究,马氏体一级相变过程中变磁性能越强,越有可能出现大的磁电阻突变特性,图 6.7(b)中是利用图 6.7(a)电阻随温度变化进行的 MR 计算结果。利用测试数据,经过公式 MR(%)=[$R(H,T)$-$R(0,T)$]/$R(0,T)$×100%,其中 $R(H,T)$ 和 $R(0,T)$ 对应的是外加磁场为 30kOe 及零场情况下不同温度处的电阻值。图 6.7(b)中可以看到,在马氏体相变温度区域,外加磁场强度 30kOe 时获得了大约为 30%的巨大磁电阻。这是由于在磁场驱动相变的过程中,薄带试样中的电子结构发生改变,从而调整费米面附近的态密度所导致。图中可以看到,这一突变发生在一个极小的相变温度范围内,这与已有研究相一致。

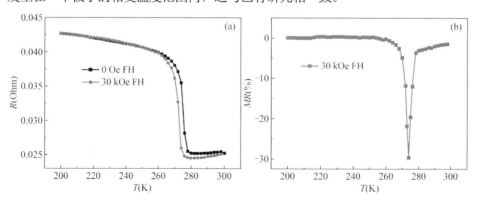

图 6.7 $Mn_{44.7}Ni_{43.5}Sn_{11.8}$ 试样磁场强度为 0kOe 和 30kOe 升温电阻温度曲线(a),
外加磁场 30kOe 时磁电阻-温度变化曲线 MR-T(b)

Fig. 6.7 (a) R-T curve at 0 and 30kOe magnetic fields on heating, (b) MR as a function of temperature for $Mn_{44.7}Ni_{43.5}Sn_{11.8}$ alloy ribbons on heating at 30kOe

需要强调的是由于结构不同，马氏体相相对于奥氏体相具有更高的电阻值，但是在相变过程中对电阻值、温度、磁场之间的具体变化关系并没有十分清晰的研究。由于以往的研究中，相变温区较大，同时出于测试经济性考虑，尽管有部分文献中对该过程进行了分析，但是温度梯度选择依然较大，有可能存在细节被忽略等问题。针对上述原因，我们在对 $Mn_{44.7}Ni_{43.5}Sn_{11.8}$ 合金薄带磁电阻变化测试中，有针对性地在相变温区进行以 1K 为间隔的等温 MR-H 曲线测试。测试中为了避免由于两相共存以及由于磁场驱动相变导致连续测试中的温度偏移问题，在进行逐一温度测试时，采用先将试样零磁场冷却至马氏体居里温度 T_C^M，并在该温度保温 5min，然后再以 10K/min 的升温速率无过冲升高到接近待测温度 5K，待温度稳定后再采取 1K/min 的无过冲升温至待测温度，等待 1min 后再进行等温 R-H 测试。由于 R-T 曲线中，相变温区较小，因此该项测试能够真实有效地描述相变过程中电阻随外加磁场的变化趋势，同时可以有效地降低由于两相共存、磁场驱动相变所导致的测试错误。

针对相变发生的具体情况，测试中先对马氏体相变前温区（260～270K）采用较大温度梯度（5K）进行测试，然后再针对具体相变区间（271～278K）进行逐一温度测试。数值计算中，MR(%)=[R(H,T)-R(0,T)]/R(0,T)×100%，其中 R(H,T) 和 R(0,T) 对应的是外加磁场为 30kOe 及零场情况下同一温度时的电阻值。

图 6.8（a）中是相变发生前及相变开始时的 MR-H 变化曲线。通过曲线可以发现，在温度为 260K 及 265K 时，伴随着外加磁场强度的增加，磁电阻仅仅只有约 2.5%的变化，属于传统材料磁电阻量级，并没有实质性的变化。伴随着测试温度的升高，可以发现，当测试温度升高至相变温区，此时的磁电阻值从约 1%急剧增加到 11%左右，并且可以发现，此时即使是退磁状态，磁电阻并没有回复原来位置，而是仍有较大的剩余磁电阻。图中测试温度为 272K 时，磁电阻 MR 达到约 11%，当磁场强度降为 0 时，依然保持了约 7.5%的剩余磁电阻。这一过程中可以看到，磁电阻与磁场强度之间保持着接近线性的变化关系。这一现象可以解释为在此过程中，磁场驱动相变并没有发生，磁化过程中基本保持着磁畴壁位移或者是孪晶变体的重新取向。

图 6.8（b）反映了相变过程及相变结束过程中不同温度情况下的磁电阻与磁场强度变化之间的关系。在 273K 时，当外加磁场强度增加到 30kOe 时，磁电阻相对于 272K 的 11%急剧增加到约为 25%。通过该过程我们可以看到，当

磁场强度增加至约 20kOe 时，磁电阻并没有与 272K 明显不同，但是当从 20kOe 增加到 30kOe 时，磁电阻突然增加到约 25%。如果将两段分别来看，可以看到其线性部分斜率突然变化，这应该与该温度出现磁场驱动相变有关。尽管 25% 并非该薄带试样中所能获得的最大磁电阻值，但是这一温度磁电阻变化曲线可以充分体现相变中结构变化导致磁电阻特性的变化。特别是当外加磁场消失时，依然保持着约 24%的磁电阻。我们可以将这一过程理解为此时磁场驱动以及磁畴壁转变或者孪晶变体被突然转向，似乎是被突然冻结在某一个角度。具有择优取向的马氏体变体被磁场驱动，这一结果与 Chatterjee 等在 $Ni_2Mn_{1.4}Sn_{0.6}$ 合金研究中的结果相一致。

图 6.8（b）中 276K 时的数据曲线表明，在该温度时测试等温电阻随磁场变化（R-H）过程中，合金样品在经过零磁场冷却至马氏体居里温度 T_C^M 后再升温至待测温度时，晶体结构中是马氏体与奥氏体两相共存特征。在磁场增加过程中，可以看到由于此时温度已经非常接近 A_f^R（277K），同时由于磁场驱动相变因素的存在，该曲线与其他温度时的变化过程完全不同。相比较 274K 和 275K 曲线，即使在较低的磁场强度下，磁电阻就已经急剧变化，当磁场强度升高到稀土永磁约 10kOe 量级时，磁电阻已经达到了约 25%，远远高于已有 Ni-Mn-Sn 文献的研究结果。

已有文献中关于磁电阻测试在小场情况下未获取如此高磁电阻值主要有如下两个原因：首先学者们将重点放在当外加高磁场强度情况下具体可以获得的磁电阻值，并没有认真研究相变过程实质问题；其次由于多数文献中磁电阻研究集中在多晶块体材料，尽管有薄带试样，但是其并未获得如我们报道的取向优异的组织结构。

研究结果表明，$Mn_{44.7}Ni_{43.5}Sn_{11.8}$ 合金薄带磁电阻测试过程前对试样进行零场冷却至马氏体居里温度 T_C^M 后再升温至待测温度，可以真实地反映试样中相变以及相结构转变的过程。如果采用连续测试，将会由于磁场驱动相变以及测试加热过程而掩盖真实的温度、相变、磁场强度之间的关系。图 6.8（b）中 277K 时的数据曲线表明，此时奥氏体相已经接近转变结束，表现为磁电阻变化值降低。对比 271K 和 277K 数据可以发现，两者的最大磁电阻值基本一致，但是其初始过程中，曲线仍然表现不同。271K 曲线中，马氏体相是占据绝对优势的晶体结构，而 277K 为奥氏体相结构。277K 奥氏体相结构中尽管依然存在极少数马氏体相，但是磁场驱动孪晶取向以及磁畴壁位移等已经几乎不存在，因此在 10kOe 时就获得了约 5% 的 MR，而 271K 时仅为 2.5%。

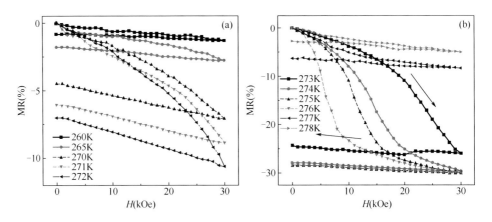

图 6.8 $Mn_{44.7}Ni_{43.5}Sn_{11.8}$ 薄带等温 MR 随磁场强度变化曲线（a）相变前及相变初期低 MR 状态，（b）相变中及相变结束 MR 巨变温区

Fig. 6.8 The MR as a function of magnetic field at different constant temperatures for $Mn_{44.7}Ni_{43.5}Sn_{11.8}$ alloy ribbons before MT (a) and during MT (b). The sample was first zero fields cooled to 180K and then heated back to the respective constant temperatures for MR measurement

为了得到更好地理解磁场、磁电阻和温度，特别是磁化和退磁过程以及 MR 的具体变化，测试针对特定温度（260K 和 276K）进行了磁化强度循环（0～30kOe 和-30～0kOe）变化过程中磁电阻特性测试。图 6.9（a）中可以看到，在磁场强度循环变化过程中，磁电阻仅在初始磁化过程中表现出磁畴壁位移及孪晶取向过程，之后磁电阻基本不随外磁场变化，这应该是由于磁场驱动相变导致的结果。同时由于磁电阻测试中，磁场强度加载在垂直于薄带试样表面（$H_\perp$）方向。在本章 6.1 节中，XRD 衍射分析表明该试样具有择优取向生长特性，在进行磁电阻测试时，实际是电流方向沿着平行薄带表面方向进行传输，而薄带试样的截面分析表明，该合金柱状晶结构直径为 3～5μm，因此磁电阻优异特性应该与结构有直接的关系。图 6.9（b）是薄带试样在对应相变温区，磁场强度垂直薄带试样时的等温磁化曲线，从图中数值可以看到，两者变化温区存在差异，这是由于磁场驱动相变以及测试原理所产生的。图 6.6 中已经进行具体说明，因此可以将 MR-H 曲线中 276K 与等温磁化曲线中 271K 结果进行等价对比。图 6.9（b）中，270K 所围区域对应磁

滞损耗。图6.9(a)中可以看到,在276K时,此时的磁电阻测试曲线表现出磁电阻在约10kOe的磁场强度下,就达到了约25%。对比已有研究中磁电阻随外加磁场变化曲线,取向生长的$Mn_{44.7}Ni_{43.5}Sn_{11.8}$薄带试样与传统曲线明显差异。结合图6.9(b)中磁化曲线分析,可能存在如下几个原因。

(1)由于276K已经非常接近马氏体相变结束温度A_f^R,特别是曲线测试中采用逐一温度梯度测试后又零场冷至T_C^M,此过程可以有效保证测试中每一温度能真实地保持晶体结构,仅仅是温度场诱发相变。因此在该温度测试的过程中,磁电阻变化应该建立在铁磁相磁畴壁的移动上,并且由于该温度晶格常数已经发生变化,长轴收缩,从而使磁场更易驱动取向。

(2)较小磁场强度获取大的MR是另一个原因,相变过程中当温度靠近A_f^R时,晶体中费米面附近的态密度已经发生变化。在接近A_f^R时,表现出MR被初始磁场驱动后,稳定地维持在特定方向,并且由于磁场驱动相变的原因,而不再随外磁场方向而发生变化。

(3)薄带试样具有取向生长机制,已有对于取向生长$Mn_{50}Ni_{40}In_{10}$薄带试样中变温XRD测试表明,薄带试样奥氏体相垂直样品表面的(400)取向,在低温马氏体相时转变为(040)方向,而升温过程中,择优取向的切换为获取大的MR提供了可能。

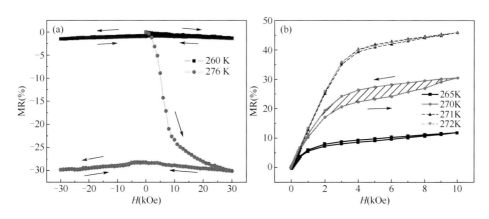

图6.9 $Mn_{44.7}Ni_{43.5}Sn_{11.8}$薄带试样(a)等温磁电阻随磁场变化曲线MR-$H$,
(b)10kOe磁场垂直试样表面不同温度等温磁化曲线

Fig. 6.9 The MR-H (a) and isothermal M-H curves (b) at constant temperatures for alloy ribbons measured in MT temperatures. The shaded areas are HL

6.5 等静压对取向薄带马氏体相变及磁热特性影响

为了研究等静压对 $Mn_{44.7}Ni_{43.5}Sn_{11.8}$ 薄带 MT 的影响，分别在 0.5kOe 和 30kOe 磁场下，测量了不同等静压下 MT 的热磁曲线。从图 6.10（a）、（b）可以看出，等静压对 MT 温区宽度和过渡曲线斜率几乎没有影响，但磁化强度峰值随着等静压的增大而明显减小，特别是在低磁场下更为显著。上述结果与曾经报道过的镍锰基合金中 uDLM（uncompensated disordered-local moment）模型相一致。在富锰的哈斯勒化合物中，过多的锰原子（称为 Mn2）占据了 Sn 原子的晶格位置。在压力作用下，锰-锰原子间距缩短，更容易引起反铁磁性锰-锰相互作用。这种作用其实是 Mn2 原子相对于原位 Mn（称为 Mn1）原子以磁矩反向平行的方向排列，导致总磁化强度降低。另外，如图 6.10（a）所示，薄带的居里温度（T_C）在等静压下基本保持不变，加压后 MT 温度向高温移动，更接近居里温度，这也可能导致磁化率下降。由此可见，等静压在低磁场对磁化强度的影响更为明显。

图 6.10（c）、（d）分别显示了 0.5kOe 和 30kOe 磁场下马氏体转变温度 T_{MS} 随等静压变化的曲线。从图中可以看出，在测量压力范围内，马氏体转变温度呈线性增长，说明等静压趋于稳定马氏体结构。曾经的研究表明，Ni-Mn 键的杂化和 Sn 原子外孤对电子导致了 Ni-Mn-Sn 体系中立方结构不稳定，从而引发了体系的结构转变。如前文所述，在我们的富锰的化合物中，存在原位 Mn1 原子和取代了 Sn 原子的过量的 Mn2 原子。由于 Mn 的原子半径小于 Sn，所以当 Mn2-Ni 键取代 Sn-Ni 键时，Ni 原子同时向 Mn1 和 Mn2 移动。此外，Sn 原子上的孤对电子的存在也迫使 Ni 原子从 Sn 原子向 Mn 原子的运动。晶格向量的伸长可能导致马氏体相变，从而进一步降低能量。这一结果与已有的 Ni-Mn-Z 基形状记忆合金的计算结果相似，所以 T_{MS} 和预期一致随等静压增大而升高。不同磁场下马氏体相变特征温度如表 6.1 所示。dT_{MS}/dP 的值约为 20K/GPa，与通过改变磁场测量的迁移率 dT_{MS}/dH 相比，很明显压力引起的晶体结构变化更容易驱动 MT。并且综合之前的分析，磁化强度对外部压力的极端敏感性本质上是由于过量的 Mn 原子取代了 Sn 原子。

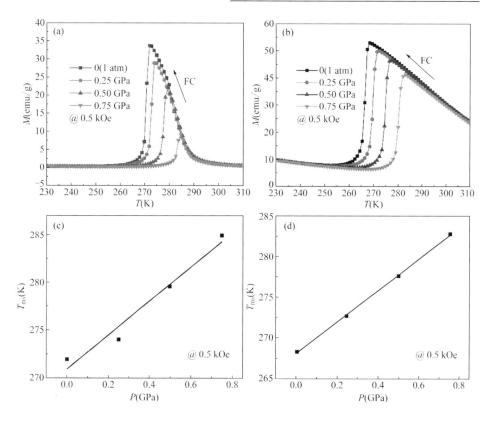

图 6.10 分别在 0.5kOe（a）和 30kOe（b）外磁场下 Mn$_{44.7}$Ni$_{43.5}$Sn$_{11.8}$ 薄带受压力影响的 M-T 曲线，分别在 0.5kOe（c）和 30kOe（d）外磁场下 Mn$_{44.7}$Ni$_{43.5}$Sn$_{11.8}$ 薄带马氏体转变起始温度随压力变化曲线

Fig. 6.10 Thermomagnetic curves of Mn$_{44.7}$Ni$_{43.5}$Sn$_{11.8}$ ribbons measured at selected hydrostatic pressures under magnetic field of 0.5 kOe (a) and 30 kOe (b). The hydrostatic pressure dependence of martensite starting temperature(T_{MS}) under magnetic field of 0.5 kOe (c) and 30 kOe (d), the red solid lines are their best linear fitting

薄带的磁热效应，可以由热力学麦克斯韦方程计算的磁熵变（ΔS）来评价，计算方程如下：

$$\Delta S = \int_0^{H_0} \left(\frac{\partial M}{\partial T}\right)_H dH \qquad (6.2)$$

式中，ΔS 为外磁场由 0 变化到 H_0 的磁熵变，需要特别注意的是，这里的磁熵变ΔS同时包含结构变化的熵变和磁变化的熵变。图6.11显示了在不同压力下磁熵变ΔS随温度T变化的曲线。在常压下,熵变的最大值ΔS_{max}达到了35.9J/(kg·K),这一值超过了很多已知的镍锰基哈斯勒合金,如$Ni_{41}Co_9Mn_{40}Sn_{10}$[25J/(kg·K),3T],$Ni_{51.2}Mn_{32.8}In_{16}$[16J/(kg·K),5T],$Ni_{51}Mn_{35}Sn_{14}$[[12.5J/(kg·K),5T],$Ni_{48}Mn_{39}Sn_{13}$[13.5J/(kg·K),5T],$Ni_{47}Mn_{40}Sn_{13}$[34J/(kg·K),5T],$Ni_{42}Mn_{47.5}Sn_{10.5}$[10.8J/(kg·K),2T]。不同压力下的熵变峰值ΔS_{max}在表6.2中列出。当等静压升至0.75GPa时,ΔS_{max}显著降到18.5J/(kg·K)。$\Delta S\text{-}T$曲线可以作为马氏体相变的一个指标,因此,ΔS_{max}随着压力向高温区移动与T_{MS}随着压力变化的趋势相一致。另外,由于等静压趋于稳定马氏体,并且压制总磁化强度,所以最大熵变值随压力增大而减小也符合预期。在先前的研究报道中,大部分Ni-Mn-Z合金的磁热效应随着压力的增大而减小,例如,$Ni_{45}Mn_{43}CrSn_{11}$、$Ni_{45.5}Mn_{37.5}Co_2Sn_{15}$、$Ni_{45}Mn_{43}CoSn_{11}$、$Ni_{50}Mn_{35}In_{15}$。同时,考虑到薄带熵变的峰值$\Delta S_{max}$随着压力向高温区移动这一性质,若提供连续变化的等静压,则意味着拓宽了磁制冷的工作温区。这里通过施加0.75GPa的等静压,将薄带的制冷温区拓宽至273~293K。

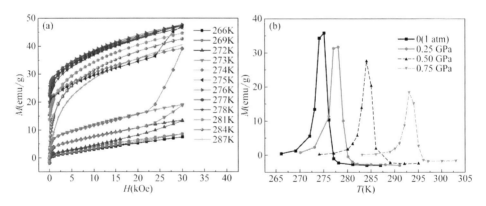

图6.11 (a)常压下$Mn_{44.7}Ni_{43.5}Sn_{11.8}$薄带的等温磁化曲线;
(b)不同压力下薄带的熵变ΔS随压力变化的曲线

Fig. 6.11 (a)The isothermal magnetization $M(H)$ loops of $Mn_{44.7}Ni_{43.5}Sn_{11.8}$ ribbons under magnetic fields up to 3.0T at ambient pressure. (b) The isothermal entropy changes as a function of temperature $\Delta S(T)$ at hydrostatic pressure from ambient pressure to 0.75GPa

6.6 等静压对薄带交换偏置特性的影响

图 6.12 显示了 as-spun 与 annealed 薄带在 50K 温度时的交换偏置曲线。其中退火后的 $Mn_{44.7}Ni_{43.5}Sn_{11.8}$ 薄带分别在常压与 0.75GPa 进行了测试。可以看出在 50K 时,热处理与等静压对薄带的饱和磁化强度没有显著影响。相对于坐标系原点,测得的磁滞回线的中心有偏移的现象,这是一个明显的交换偏置。根据前文的分析,原位 Mn_1 原子与相邻的过多的 Mn_2 原子形成磁矩反向平行的反铁磁相互作用,从而导致了交换偏置现象[58]。交换偏置磁场值 H_E 与矫顽磁场值 H_C 由如下等式计算:$H_E=-(H_L+H_R)/2$、$H_C=|H_L-H_R|/2$,其中 H_L 和 H_R 分别为左右矫顽力。as-spun 薄带经过退火处理,H_E 由 85Oe 增长至 121Oe,而 H_C 由 725Oe 减小至 619Oe。这是由于在退火过程中,薄带的晶粒进一步生长,并且晶粒间的应力进一步消除,从而导致原子有序程度的增加,形成了更加有序的铁磁或反铁磁界面。铁磁或反铁磁界面间交换耦合作用的增强导致了 H_E 的增加与 H_C 的减小。施加等静压后,H_E 的值从 121Oe 小幅增长至 134Oe,而矫顽磁场 H_C 保持不变。从图中可以看出,施加等静压使得矫顽力附近的曲线曲率有所增加,

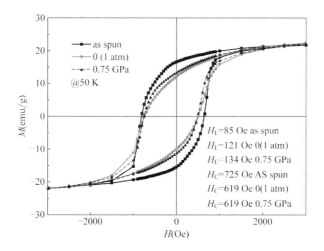

图 6.12 温度为 50K 时未退火及退火后薄带在不同压力下的交换偏置曲线

Fig. 6.12 The *M-H* loops of the $Mn_{44.7}Ni_{43.5}Sn_{11.8}$ ribbons measured under different conditions

这意味着等静压有利于稳定交换偏置现象，这结果与压力可以加强 Mn-Mn 键铁磁或反铁磁界面间交换耦合作用相一致。

6.7 本章小结

本章从目前制约磁制冷工质实际应用的实际问题开始研究，磁制冷方式要得到广泛应用就需要磁制冷工质既要具有大的磁热效应同时又要成本低廉，且可以很好地被目前广泛使用的商业永磁体进行驱动工作。作为磁制冷工质除了要具有大的等温磁熵变（ΔS）还需要获得大的 RC。第 3 章对 Co 掺杂 Ni-Mn-Sn 合金的研究表明，尽管 ΔS 值非常诱人，但是将磁滞损耗考虑到有效磁制冷能力中，其真实 RC 就有约 30%的损失，严重制约其工业应用。

本章主要利用熔体快淬方法，制备具有择优取向的 $Mn_{44.7}Ni_{43.5}Sn_{11.8}$ 合金薄带，对该薄带在永磁体磁场强度（10kOe 和 15kOe）范围内的磁制冷能力进行系统分析。主要研究该薄带在不同外加磁场方向（$H_{/\!/}$，$H_\perp$）情况下的等温磁熵变、磁滞损耗以及磁制冷能力等内容，同时对该薄带合金垂直磁场方向马氏体相变过程中的磁电阻特性进行研究。主要结论如下。

（1）取向 $Mn_{44.7}Ni_{43.5}Sn_{11.8}$ 薄带为例，采用取向薄带，并通过调整外加磁场强度方向，磁滞损耗对净磁制冷能力的影响将由 30%（$H_{/\!/}$）降低到 10%（$H_\perp$），这将对节能减排、绿色制冷等的发展产生关键的推动作用

（2）取向生长薄带试样，平均晶粒直径为 3~5μm，但是柱状晶沿着垂直薄带试样方向生长，长度约 40μm，几乎贯穿试样厚度，在该方向上，晶体内部组织一致，有利于磁化过程中磁畴及畴壁位移过程的转动，从而影响到磁制冷能力。

（3）测试温度为 276K 时，可以发现即使在较低的磁场强度下，磁电阻 MR 就已经急剧变化，当磁场强度升高到稀土永磁约 10kOe 量级时，磁电阻已经达到了约 25%，远远高于已有 Ni-Mn-Sn 文献的研究结果。在 30kOe 外加磁场强度情况下，获得 30%不可逆磁电阻。

（4）研究结果表明，$Mn_{44.7}Ni_{43.5}Sn_{11.8}$ 合金薄带磁电阻测试过程前对试样进行零场冷却至马氏体居里温度 T_C^M 后再升温至待测温度，可以真实地反映试样中

相变进行以及相结构转变的过程。

（5）取向生长 $Mn_{44.7}Ni_{43.5}Sn_{11.8}$ 薄带试验，进一步阐明了该类合金磁性能及磁制冷能力与晶体结构之间关系。特别是极大降低磁滞损耗影响，为该类合金工业化应用具有非常重要影响。

（6）薄带制备及磁电阻特性，为合金应用于数据存储，以及其他磁记忆元件等提供了一种简易可行的方法。

综上所述，采用电弧熔炼甩带法制备了高织构哈斯勒合金 $Mn_{44.7}Ni_{43.5}Sn_{11.8}$ 薄带。XRD 图谱表明［400］晶体方向优先垂直于带状表面。由于富锰薄带中 Mn-Mn 距离与磁交换相互作用的强相关性，在室温附近压力对马氏体相变温度的驱动速率 dT_{MS}/dP 达到了 20K/GPa。从而通过施加等静压使得磁制冷工作温度范围得到扩大。在 0GPa 和 0.75GPa 下，最大磁熵变值 ΔS_{max} 分别达到 35.9J/(kg·K)和 18.5J/(kg·K)。这一结果比许多镍锰基哈斯勒合金，甚至是成分相似的哈斯勒合金都要高得多。在我们之前对薄带的磁电阻研究中，磁晶各向异性是由晶体结构的取向引起的，这导致在 273K 时畴壁位移或孪晶重定向冻结到一定角度。这一结果表明，在磁-结构耦合相变过程中，晶体结构的这种取向可能导致更大的磁熵变。另外，我们还研究了 50K 温度下热处理和等静压对薄带交换偏置（EB）的影响。热处理后，H_E 增加了 36Oe，H_C 减少 106Oe。施加 0.75GPa 等静压后，H_E 值增加了 13Oe，H_C 值保持不变。

参考文献

[1] 郭世海, 张羊换, 李健靓等.掺杂元素对 Ni-Mn-Ga 合金马氏体相变和磁性能的影响[J] .功能材料 (增刊), 2004(35): 1625-1628.

[2] 李雪梅.热处理工艺及稀土对 Ni-Mn-Ga 磁性记忆合金性能的影响[D] .包头: 内蒙古科技大学, 2004.

[3] Tian Bing, Chen Feng, Li Li, Zheng Yu-feng. Effect of post annealing on phase transformation of Ni-Mn-Ga ferromagnetic shape memory alloy particles prepared by ball milling[J] .Transactions of Nonferrous Metals Society of China, 2007(17): s630-s633.

[4] Söderberg O, Sozinov A, Ge Y, et.al.GiantMagnetostrictive Materials[J] . Handbook of Magnetic

Materials, 2006, 16(1): 1-3.

[5] TomoyukiKakeshita, Jae-Hoon Kim, Takashi Fukuda.Microstructure and transformation temperature in alloys with a large magnetocrystalline anisotropy under external fields[J] . Materials Science and Engineering A, 2008(481-482): 40-48.

[6] Heczko O, et Straka L. Compositional dependence of structure, magnetization and magnetic anisotropy in Ni-Mn-Ga magnetic shape memory alloys[J]. Journal of Magnetism and Magnetic Materials, 2004(272-276): 2045-2046.

[7] Heczko O, Straka L et Ullakko K, Relation between structure, magnetization process and magnetic shape memory effect of various martensites occurring in Ni-Mn-Ga alloys[J] . Journal de Physique IV, 2003(112): 959-962.

[8] Sozinov A, Likhachev A A, Lanska N, et Ullakko K. Giant magneticfield-induced strain in NiMnGa seven-layered martensitic phase[J] . Applied Physics Letters, 2002, 80(10): 1746.

[9] Chernenko1 V A, LopezAnton R.Magnetic domains in Ni-Mn-Ga martensitic thin films[J] . Journal of Physics: Condensed Matter, 2005(17): 5215-5224.

[10] Jérémy Tillier, Daniel Bourgault, Philippe Odier.Tuning macro-twinned domain sizes and the b-variants content of the adaptive 14-modulated martensite in epitaxial Ni-Mn-Ga films by co-sputtering[J] . Acta Materialia, 2011(59): 75-81.

[11] Söderberg O, Sozinov A, Ge Y, et.al. Giant Magnetostrictive Materials[J] , dans Handbook of Magnetic Materials, 2006(16): 1-3.

[12] Mkaoto Ohtsuk, Maskai Snaada, Minour Mastumoto, Kimio Itgakai. Magnetie-field indueedshpae memory effet in Ni-Mn-Ga sputtered films[J] .Materials Science and Engineering A, 2004(378): 377-383.

[13] Suzuki M, Ohtsuka M, Suzuki T, Mastmuoto M, Miki H. Fabrication and Characterization of Sputtered Ni_2MnGa Thin Films [J] .Materials Transactions, 1999, 40(10): 1174-1177.

[14] Ohi K, Isokwaa S, Ohtsuka M, Matsumoto M, Itgakai K. Phase Transformation of Sputtered Ni-rich Ni_2MnGa Films[J] .Transactions of the Materials Research Society of Japan, 2001(26): 291-294.

[15] Ohtsuka M, Itgakai K. Effect of Heat Treatment on Properties of Ni-Mn-GaFilms Prepared by a Sputtering Method[J] . Int.J.Appl.Electromagn. Mech., 2000(12): 49-59.

[16] Isokawa S, Suuzki M, Ohtsuka M, Matsumoto M, Itagaki K. Shape Memory Effect of

Sputtered Ni-rich Ni$_2$MnGa Alloy Films Aged in Constraint Condition[J], Materials Transaction, 2001, 42(9): 1886-1889.

[17] Suuzki M, Ohtsuka M, Matsumoto M, Murkaami Y, Shindo D, Itagaki K. Effect of Aging Time on Shape Memory Properties of Sputtered Ni-rich Ni$_2$MnGa Alloy Films[J]. Material Transaction JIM, 2002, 43(5): 861-866.

[18] Dong J W, Chen L C, Palmstrøm C J, James R D, McKernan S. Moleeular beam epitaxy growth of ferromagnetic single crystal(001)Ni-Mn-Ga on(001)GaAs[J]. Applied Physics Letters, 1999(75): 1443-1445.

[19] Ohtuka M, Itagaki K. Effect of heat treatment on properties of Ni-Mn-Ga films prepared by a sputtering method[J]. International Journal of Applied Electromagnetics and Mechanics, 2000, 12(1/2): 49-59.

[20] Fähler S, Heczko O, Thomas M, Niemann R, Buschbeck J, Schultz L. Recent Progress Towards Active Epitaxial Ni-Mn-Ga Magnetic Shape Memory Films[C]. Proceedings of 11th International Conference on New Actuators, Bremen, Germany, 2008.

[21] Makoto Ohtsuka, Hiroyuki Katsuyama, Minoru Matsumoto, Toshiyuki Takagi, KimioItagaki. Martensitic transformation and shape memory effect under magnetic field for Ni$_2$MnGa sputtered films containing iron[C]. Ptoceedings of the 7th European Symposium on Matensitic-Transformation, Bochum, Germany, 2008.

[22] Heczko O, Thomas M, Buschbeck J, Schultz L, Fähler S. Epitaxial Ni-Mn-Ga films deposited on SrTiO$_3$ and evidence of magnetically induced reorientation of martensitic variants at room temperature[J]. Applied Physics Letters, 2008(92): 072502.

[23] Feng Y, Sui J H, Chen L, Cai W. Martensitic transformation behaviors and magnetics properties of Ni-Mn-Ga rapidly quenched ribbons[J]. Materials Letters, 2009(63): 965 -968.

[24] Sozinov A, Likhachev A A, Lanska N. Giant Magnetic-field-induced Strain in NiMnGa Seven-layered Martensitic Phase [J]. Applied Physics Letters, 2002(80): 1746-1748.

[25] Sutouy, Ohnumal, Ainumar K, et al. Ordering and martensitic transformations of Ni$_2$AlMn Heusler alloys[J]. Metallurgical and materials transactions A, 1998, 29(A8): 2225-2227.

[26] Ullakko K, Huang J K, Kokorin V V, O'Handley R C. Magnetically Controlled shape Memory Effect in Ni2MnGa Intermetallics[J]. ScriptaMaterialia, 1997, 36(10): 1133-1139.

[27] Teferi M Y, Amaral V S, Lounrenco A C. Magnetoelectric coupling in multiferroic hetero-

structure of r.f-sputtered Ni-Mn-Ga thin film on PMN-PT [J]. Journal of Magnetism and Magnetic Materials, 2012(324): 1882-1886.

[28] Ullakko K, Huang J K, Handley R C, Kokorin V V.Large Magnetic-field-induced Strains in Ni_2MnGa Single Crystals[J]. Applied Physics Letter, 1996, 69(13): 1966-1968.

[29] Ge Y. The crystal and magnetic microstructure of Ni-Mn-Ga alloys[D].Helsinki University of Technology, 2007.

[30] Ge Y, Söderberg O, Lanska N, et al.Crystal structure of three Ni-Mn-Ga alloys in powder and bulk materials[J]. Journal of Physics, 2003(112): 921-924.

[31] Inoue K, Enami K, Yamaguchi Y. Magnetic-field-induced martensitic transformation in Ni2MnGa-based alloys[J]. Journal of the Physical Society of Japan, 2000(69): 3485-3488.

[32] Ullakko K, Sozinov A, Yakovenko P. Large Magnetic-field-induced Strains in NiMnGa Alloys Due to Redistribution of Martensite Varianta[J]. Arxiv: cond-mat/0004211. 2000, 1(13): 1.

[33] Webster P J, Ziebeck K R A, Town S L, Peak M S. Magnetic Order and Phase Transfor- mation in Ni_2MnGa[J].Philos.Mag.B., 1984, 49(3): 295-310.

[34] Ullakko K, Ezer Y, Sozinov A.Magnetic-field-induced Strains in Polycrystalline Ni-Mn-Ga at Room Temperature[J]. Acta PolytechnicaScandinavica, 2002(288): 475-480.

[35] Okamoto N, Fukuda T, Kakeshita T. Temperature Dependence of Rearrangement of Martensite Variants by Magnetic Field in 10M, 14M and 2M Martensites of Ni-Mn-Ga alloys [J]. Material Science Engineering A, 2007(481-482): 306-309.

[36] 马云庆. NiMnGa 及 CuAl 基高温形状记忆合金的相变行为及热稳定性研究[D].北京: 北京航空航天大学, 2003.

[37] Ryosuke Kainuma, FumihikoGejima, Yuji Sutou, et al. Ordering, martensitic and ferromagnetic transformations in Ni-Al-Mn Heusler shape memory alloys [J]. Materials Transactions JIM, 2000, 41(8): 943-949.

[38] Oikawa K, Wulff L, Lijima T, etal.Pormising ferromagnetic Ni-Co-Al shape memory alloy system[J].Applied Physics Letters, 2001, 79(20): 3290-3293.

[39] Yuanchang Liang, Yuji Sutgu, Taishi Wada, et al. Magnetic field-induced reversible actuation using ferromagnetic shape memory alloys[J].Scripta Materialia, 2003(48): 1415-1419.

[40] Morito H, Fujita A, Fukamichi K, et al. Magnetocrystalline anisotropy in single-crystal Co-Ni-Al ferromagnetic shape-memory alloy[J]. Applied Physics Letters, 2002, 8(9): 1657.

[41] JiangBohong, Zhou Weiming, Liu Yan.Recent progress of magnetic ally controlled shape memory materials[J]. Materials Science Forum, 2003(426-432): 2285.

[42] Sozinov A, Likhachev A A, Ullakko K. Crystal structures and magnetic anisotropy properties of Ni-Mn-Ga martensitic phases with giant magnetic-field-induceds train[J]. IEEE Transactions on Magnetics, 2002, 38(9): 2814-2816.

[43] Ezera Y, Sozinov A, Kimmelqet al. Magnetic shape memory(MSM)effect in textured polycrystalline Ni2MnGa[C] .Manfred Wuttig.Smart Materials Technologies, Washington, USA: SPIE-The Intenrational Society for Optical Engineering, 1999(3675): 244.

[44] 孙光飞, 强文江.磁功能材料[M].北京: 化学工业出版社, 2008.

[45] Wutting M, Craciunescu C, Li J. Phase Transformations in Ferromagnetic NiMnGa Shape Memory Films[J]. Material Transactions, 2000, 41(8): 933-937.

[46] Pons J, Segui C, Chernenko V A, Cesari E, Ochin P, Portier R. Transformation and Ageing Behaviour of Melt-spun Ni-Mn-Ga shape memory alloys[C] . International Conference on Martensitic Transformations, S.C.de Bariloche, Argentina, 1998.

[47] Borgia C, Olliges S, Dietiker M.A combinatorial study on the influence of Cu addition, film thickness and heat treatment on phase composition, texture and mechanical properties of Ti-Ni shape memory alloy thin film[J]. Thin.Solid.Films. 2010(518): 1897-1913.

[48] Tsuchiya K, Nakamura H, Ohtoyo D, Nakayama H, Ohtsuka H, Umemoto M. Composition Dependence of Phase Transformations and Microstructures in Ni-Mn-Ga Ferromagnetic Shape Memory Alloys[C]. 2nd International Symposium on Designing, Processing and Properties of Advanced Engineering Materials, Guilin, China, 2000.

[49] Kamarad J, Kudrnovsky J, Arnold Z, Drchal V, Turek I, Pressure effect on magnetic moments in ordered Ni3Mn and disordered $Ni_{100-x}Mn_x$ alloys: ab initio calculation and experiment[J]. High Pressure Research, 2011(31): 116-120.

[50] Huang L, Cong D Y, Ma L, Nie Z H, Wang M G, Wang Z L, Suo H L, Ren Y, Wang Y D. Large magnetic entropy change and magnetoresistance in a $Ni_{41}Co_9Mn_{40}Sn_{10}$ magnetic shape memory alloy, Journal of Alloys and Compounds, 2015(647): 1081-1085.

[51] Pramanick S, Dutta P, Chatterjee S, Majumdar S, Anomalous pressure effect on the magnetic properties of Ni-Mn based shape memory alloys[J]. Journal of Applied Physics, 2018(124): 6.

[52] Muthu S E, Rao N V R, Raja M M, Arumugam S, Matsubayasi K, Uwatoko Y, Hydrostatic

pressure effect on the martensitic transition, magnetic, and magnetocaloric properties in $Ni_{50-x}Mn_{37+x}Sn_{13}$ Heusler alloys[J]. Journal of Applied Physics, 2011(110): 4.

[53] Hassan N U, Shah I A, Rauf A, Liu J, Gong Y, Xu F, Magnetostructural transformation and magnetocaloric effect in $Ni_{42}Mn_{47.5}Sn_{10.5}$ and $Ni_{41.5}Mn_{47.5}Sn_{10.5}Zn_{0.5}$ ferromagnetic shape memory alloys[J]. Materials Research Express, 2018(5).

[54] Pandey S, Saleheen A U, Quetz A, Chen J H, Aryal A, Dubenko I, Stadler S, Ali N. Magnetic and magnetocaloric properties of Ni-Mn-Cr-Sn Heusler alloys under the effects of hydrostatic pressure[J]. Aip Advances, 2018(8): 6.

[55] Arumugam S, Ghosh S, Ghosh A, Devarajan U, Kannan M, Govindaraj L, Mandal K. Effect of hydrostatic pressure on the magnetic, exchange bias and magnetocaloric properties of $Ni_{45.5}Co_2Mn_{37.5}Sn_{15}$[J]. Journal of Alloys and Compounds, 2017(712): 714-719.

[56] Pandey S, Us Saleheen A, Quetz A, Chen J-H, Aryal A, Dubenko I, Adams P W, Stadler S, Ali N. The effects of hydrostatic pressure on the martensitic transition, magnetic, and magnetocaloric effects of $Ni_{45}Mn_{43}CoSn_{11}$[J]. MRS Communications, 2017(7): 885-890.

[57] Salazar Mejía C, Mydeen K, Naumov P, Medvedev S A, Wang C, Hanfland M, Nayak A K, Schwarz U, Felser C, M Nicklas[J]. Applied Physics Letters, 2016(108).

[58] Çakır A, Acet M, Farle M. Exchange bias caused by field-induced spin reconfiguration in Ni-Mn-Sn[J]. Physical Review B, 2016(93).

第 7 章

总结与展望

本书分别采用磁控溅射和电弧熔炼、熔体快淬（Melt-Spun）方法制备 Ni-Mn-Ga 薄膜、薄带和 Ni-Mn-Sn 系列合金薄带等试样，并对薄膜、薄带的磁性能，以及磁性机理、强磁场及等静压影响等进行比较系统的研究。

本书系统地研究了热处理温度对 $Ni_{53}Mn_{23.5}Ga_{23.5}$（原子分数）7M 马氏体合金薄带的晶体结构、微观组织结构和相变温度及截面微结构、马氏体条带与磁畴的关系，为进一步揭示磁场驱动机理进行了有益的尝试。系统地研究了 $Ni_{53}Mn_{23.5}Ga_{23.5}$（原子分数）7M 马氏体合金薄带在从马氏体相向奥氏体相转变过程中的磁性能转变，利用扫描探针显微镜（SPM）变温附件对相变过程中马氏体结构与磁畴的变化进行了原位观察，利用温度磁性能变化曲线（M-T）系统研究了外加磁场变化对马氏体相变温度的影响，主要结论如下。

（1）$Ni_{53}Mn_{23.5}Ga_{23.5}$ 合金薄带为 7 层调制的体心正交结构，其晶格常数与热处理温度有关；晶格常数的变化对材料的磁性能特别是磁晶各向异性常数有显著的影响；经 1073K 热处理 3.6ks 合金薄带中观察到了典型的马氏体贯穿晶界区域和自协作马氏体，变体内部由平行的马氏体板条组成。这为进一步磁场驱动马氏体研究提供基础。

（2）原位观察薄带样品在从马氏体相向奥氏体相转变时，板条状马氏体消失的同时，磁畴壁发生反转，磁畴转变为面内。首次在原位观察薄带样品升温过程中板条状马氏体消失区域，继续升温过程中观察到斑点状的晶核出现，当温度继续升高后消失。存在马氏体贯穿晶界的区域，板条状马氏体和磁畴结构消失存在超前和滞后现象，这应该是与磁性形状记忆合金的马氏体穿晶现象有关。

（3）外加磁场对 Ni-Mn-Ga 薄带相变温度有一定影响，当磁场小于 0.5T 的情况下，测试中 M_s 呈现先降低再增加的变化趋势，当磁场从 1T 开始升高时，又呈现逐步增加的趋势。$Ni_{53}Mn_{23.5}Ga_{23.5}$ 合金条带在相变过程中，观察到正负切换的磁电阻特性，并利用晶体结构、磁电阻机理及弹性模量软化等知识进行了初步解释。

通过直流磁控溅射在 MgO（001）上生长外延 Ni-Mn-Ga 薄膜。并且研究了其微观结构、磁性能、磁电阻以及反常霍尔效应。在马氏体转变期间，$Ni_{47.8}Mn_{30.8}Ga_{21.4}$ 膜中测试发现反常霍尔效应，详细解释了反常霍尔效应的机理。在 $Ni_{46.7}Mn_{31.7}Ga_{21.6}$ 和 $Ni_{47.8}Mn_{30.8}Ga_{21.4}$ 薄膜上分别观察到室温下奥氏体相和7M马氏体板的微观结构。磁性测量表明，所有薄膜在加热和冷却过程中都具有马氏体转变。

另外，通过实验计算得到了薄膜的磁电阻。主要结论如下。

（1）通过表面微观结构分析可知，室温下，在 $Ni_{46.7}Mn_{31.7}Ga_{21.6}$ 和 $Ni_{47.8}Mn_{30.8}Ga_{21.4}$ 薄膜上分别观察到奥氏体相和7M马氏体板条的微观结构。$Ni_{47.8}Mn_{30.8}Ga_{21.4}$ 薄膜的马氏体板条具有良好的取向性，7M马氏体板条被分成低相对对比区域和高相对对比区域。通过 M-T 曲线分析可知，$Ni_{46.7}Mn_{31.7}Ga_{21.6}$ 和 $Ni_{47.8}Mn_{30.8}Ga_{21.4}$ 薄膜在加热和冷却过程中都具有马氏体转变。这些膜表现出明显的由顺磁奥氏体相和铁磁马氏体相之间的磁结构的居里转变。同时薄膜具有更小的热滞后以及更大的转变间隔温度区间，证明其可以在减小致动器或传感器材料的相变响应时间的同时在一个更宽的温度区间内工作。

（2）通过磁电阻分析可知，外加磁场可以使转变温度向更低的温度方向移动。通过测量结果计算了磁电阻，磁电阻计算结果显示，在 30kOe 的外磁场下，$Ni_{46.7}Mn_{31.7}Ga_{21.6}$ 和 $Ni_{47.8}Mn_{30.8}Ga_{21.4}$ 薄膜的磁电阻值在马氏体转变期间分别约为-0.6%和-0.8%，而在磁性转变的居里点附近的磁电阻值分别约为-2.0%和-2.9%。负的磁电阻的起源主要是自旋相关散射的减少。

（3）通过测量 $Ni_{47.8}Mn_{30.8}Ga_{21.4}$ 薄膜中的反常霍尔效应可知，反常霍尔效应来源于自旋轨道耦合的相互作用，薄膜中测量的霍尔电阻率主要由反常霍尔效应决定。而反常霍尔效应是由于偏斜散射造成的。本章对于薄膜反常霍尔效应的讨论可以为今后的相关研究提供实验基础。

研究了 Co 作为铁磁性元素，少量掺杂至 $Ni_{43}Mn_{46}Sn_{11}$ 合金中可以改变合金的电子浓度，引起晶格畸变，从而影响马氏体相变温度和居里温度。同时掺杂Co可增大马氏体相变中新旧两相的磁性差异，从而有效地增强马氏体相变附近的磁热效应。进行了不同含量Co元素掺杂替换原有Mn原子位置对合金相变温度、磁性能以及对应的磁制冷能力方面的研究。已有研究表明当Mn-Mn原子为最近相邻时Mn原子间的交换作用为反铁磁作用，而当Mn-Mn原子为次最近相邻时Mn原子间的交换作用为铁磁作用。Co原子的加入改变了原有合金中Mn原子的占位，进而影响Mn-Mn原子之间的距离以及出现Co-Mn原子间的强交互作用，从而提高合金母相中的铁磁交换作用，增大其与马氏体相的磁性差异。

此外，也实际使用过程中，除了磁热效应之外，合金材料是否具有良好的加工性能也成为研究的关键。本书主要研究了 Ti 掺杂对高 Mn 含量的 $Mn_{48-x}Ti_xNi_{42}Sn_{10}$（$x=1, 2, 3, 4$）合金相变温度及磁制冷能力的影响。

研究基于 Ni-Mn-Sn 磁性形状记忆合金作为新型磁工质所必须克服的磁滞及相变温区狭窄问题，制备室温使用磁相变温度串联磁制冷复合结构，实现大制冷温度跨度和大等温磁熵变的有机结合。Ni-Mn-Sn铁磁形状记忆合金的磁学性质和Mn-Mn原子间距紧密相关。已有的实验和理论计算结果表明合金的磁性状态主要取决于晶格中近邻 Mn-Mn 原子间的磁性交换作用。采用不同离子替代、间隙位掺杂（B、C或N等）等手段来调控此类合金，以达到调控相变温区、相变前后ΔM、变磁性临界场等相变性质的目的。研究提高Mn含量，提供更多的 Mn 原子，提高Mn原子在实际晶格中更多占位的可能性，从而对样品的相变温度、相变剧烈程度、变磁性临界场等相变相关性质进行研究。结合目前已经进行了的有关掺杂 Ti、Al、Co、Cu、Ge 等试验成果，进一步探索合理的大磁熵变小驱动磁场合金成分设计，同时提高该类合金室的温塑性。

电弧熔炼甩带法制备了高织构哈斯勒合金 $Mn_{44.7}Ni_{43.5}Sn_{11.8}$ 薄带。XRD 图谱表明[400]晶体方向优先垂直于带状表面。由于富锰薄带中 Mn-Mn 距离与磁交换相互作用的强相关性，在室温附近压力对马氏体相变温度的驱动速率 dT_{MS}/dP 达到了 20K/GPa。从而通过施加等静压使得磁制冷工作的温度范围得到扩大。这一结果比许多镍锰基哈斯勒合金，甚至是成分相似的哈斯勒合金都要高得多。在我们之前对薄带的磁电阻研究中，磁晶各向异性是由晶体结构的取向引起的，这导致在 273K 时畴壁位移或孪晶重定向冻结到一定角度。本书结果表明，在磁-结构耦合相变过程中，晶体结构的这种取向可能导致更大的磁熵变。另外，我们还研究了 50K 温度下热处理和等静压对薄带交换偏置（EB）的影响。

目前对该类合金的研究重点已经转移到了多场调控领域。同时伴随着一系列新的研究手段，制冷技术在工业生产和日常生活中的地位将更加重要。目前占主流的气体压缩制冷技术难以克服的缺点，包括臭氧层消耗、温室效应、能耗高、环境噪声等，迫使人们寻找环境友好、节能高效的新型制冷技术。固态制冷技术以固体相变材料为核心，包括磁场驱动的磁制冷技术、电场驱动的电制冷技术、应力场驱动的弹热制冷技术以及几种方式复合的多种制冷技术，均是环境友好、节能、高效的新型制冷方式。其中弹热制冷技术被美国能源部评为最具潜力的替代气体压缩制冷的固态制冷技术。其核心原理是利用固态相变材料在外加单轴应力场的驱动下发生相变从而获得等温熵变或绝热温变以实现制冷。弹热制冷技术表现出一系列优点，如固体材料单位体积可负载的能量大、制冷回路设计简捷、机械加载易于实现与控制、空间利用率高、能量转化效率高、环境噪声低等。因此，对弹热效应机制和弹热制冷材料的探索正成为固态制冷领域的热点之一。

传统形状记忆合金虽然温变大，但是作为弹热制冷材料缺点明显：相变能量损耗大、相变临界驱动应力高、疲劳特性与热效应难以兼得、较大的脆性，这些缺点导致弹热测试中应力加载不充分而无法充分利用材料的热效应，阻碍了其应用发展。与传统形状记忆合金相比，磁相变材料表现出很多优点：①种类丰富；②相变产物马氏体晶体结构的种类丰富多变；③相变时磁、弹多序参量耦合，使得相变材料可通过磁场、应力场单独或协同施加来调控相变以提高相变可逆性、拓宽工作温区、降低相变临界场。这些优点使得磁相变材料成为弹热效应的重点研究对象。

弹热效应的研究主要围绕提高热效应、改善合金脆性、减小滞后损耗以及通过多场调控提高热效应来展开，目前还处于起步阶段，其原理、决定和影响弹热效应的因素的作用规律还未系统建立。在弹热效应研究中，磁相变材料丰富的马氏体类型以及与其晶体结构相关的磁耦合等作为相变中的重要性质并未被深入研究。针对相变路径对于其自身相变特征和外加应力、温度、磁场等环境因素的依赖关系，提出将多相路径对弹热效应的影响机制作为进一步研究的目标。目前作者正在选取固态制冷 d-metal 哈斯勒磁相变合金来研究相变路径对于弹热效应的评价（指标包括热效应大小、相变临界应力、热滞损耗）的影响机制。